そのデータから
何が読みとれるのか？

統計力クイズ

STATISTICS QUIZ

涌井良幸

実務教育出版

はじめに

　最近の統計学ブームには目を見張るものがあります。大きな本屋さんでなくても、書籍コーナーにはたくさんの統計学関係の本を見かけるようになりました。それほど多くの人々が、統計学に関心を持ち始めたと言えます。

　それは、統計学が過去を分析するだけでなく、「一を聞いて十を知り、未来を予測する学問」だからではないでしょうか。世の中が複雑になればなるほど、「カンに頼るだけの判断」では不都合が多くなります。統計学のセンスを身につけ、それにもとづいた判断が求められているのです。

　本書は、身のまわりの様々な統計現象に焦点を当て、我々が経験や直感だけでなく、統計的なセンスを持ってどれだけ正しい判断をできるのか——それをクイズ形式でチェックしつつ、統計学そのものを楽しもうという本です。あくまでもクイズ形式のため、統計学の教科書のような、順を踏んだ説明はしていませんが、関連した知識はそれぞれのクイズの項目で説明してあります。また、巻末付録として統計学の基礎知識を載せていますので、必要な場合にはそちらで補ってください。

　本書は、細かい統計の知識よりも、まずは実戦です。
　遅刻した人を表すグラフや、パンの重量を表すグラフ（確率分布）の見方に強くなるクイズ。
　また、「偶然か、インチキかをどう判断するか？」「新薬のテストでなぜ偽薬（プラシボ）を使う必要があるのか？」という統計の最も大事なセンスを磨くクイズ。

さらには、「統計好きな主婦が夫の浮気を家計簿で見破ったポイント」など、様々な事例を取り上げました。

　もちろん、正解は多いほうがいいのですが、間違いが多かったとしても落胆しないでください。人間、間違うからこそ成長するのです。また、たとえ正解しても、本書の解説にひと通り目を通すことで、さらに統計的センスやリテラシーが身につくはずです。ぜひ、チャレンジしてみてください。

　本書を執筆するに際し、実務教育出版第一編集部の佐藤金平氏、編集工房シラクサの畑中隆氏に多方面にわたってご指導を仰ぎました。この場をお借りして感謝の意を表させていただきます。

著者

Contents

統計力クイズ

はじめに ……… 1

統計は習うより慣れろ
初級編

問題 1
平均水深がたった 5cm の池でも溺れることはある？ ……… 15

問題 2
3 割打者のジロー。2 打席までノーヒットなので、
3 打席目はヒットの可能性が高まる？ ……… 17

問題 3
当たる確率 40％のガラポン抽選、
2 回引いたら 80％になるか？ ……… 19

問題 4
昨年の売上は 2 倍、今年はその 8 倍、
2 年間の平均は何倍になるか？ ……… 21

問題 5
遅刻回数は、どんなグラフで表せる？ ……… 23

問題 6
賭博師のコイン投げ
――イカサマか偶然かを判断するには？ ……… 25

問題 7
妻は「おしとやか」に見えないが、
それでも日本の女性は「おしとやか」？ ……… 27

問題 8
宝くじは買えば買うほど、損をする？ 儲かる？ ……… 29

問題 9
火事の原因は「赤いポスト」にある
──これは正しいか？ ……… 31

問題 10
アミダくじ、
統計的に当たりやすい場所は存在するか？ ……… 33

問題 11
パチンコ玉が落ちやすい場所はどこか？ ……… 35

問題 12
相場の格言は確率・統計に通ずる？ ……… 37

問題 13
円グラフを発案した意外な人物とは？ ……… 39

問題 14
「運のいい人、悪い人」を統計で考えると、
意外な結論が ……… 41

問題 15
画鋲の針が上を向く確率はどうやって求める？ ……… 43

問題 16
宝くじと競馬、
「当てる」という意味での根本的な違いは？ ……… 45

問題 17
「平均の平均」は全体の平均になる？ ……… 47

問題 18
太郎も花子も5教科の平均点は80点。
なぜ太郎だけが表彰されたのか？ ……… 49

問題 19
100点満点の試験、90点で怒られ、
30点で褒められる理由とは？ ……… 51

問題 20
統計学は、デタラメの上に成り立っている？ ……… 53

問題 21
帯グラフで表した市場シェアのトリックを見抜けるか？ ……… 55

問題 22
円グラフが科学であまり使われない理由とは？ ……… 57

問題 23
平成 25 年の 2 人以上の平均貯蓄額は
1739 万円もある？ ……… 59

問題 24
「選挙の事前調査は本調査をゆがめる」というのはホント？ ……… 61

問題 25
「売上の 8 割は 2 割の商品のおかげ」って、ホント？ ……… 63

問題 26
日本の食料自給率は低水準、それとも高水準？ ……… 65

問題 27
売れた商品が辿る曲線はどれか？ ……… 67

問題 28
{1、2、3} と {101、102、103}、
バラツキはどちらが大きい？ ……… 69

問題 29
料理のしぐさに使われている、統計学の奥義とは？ ……… 71

問題 30
世論調査の結果は信頼できる？ ……… 73

問題 31
ビッグデータと統計データの違いは何か？ ……… 75

問題 32
本当にコインを振って出た目と、
見せかけの出た目は見分けられる？ ……… 77

問題 33
「友達の 7 割が持っているから買って」と言われたら、
どうする？ ……… 79

問題 34
天気予報の確率とコインの確率、原理と解釈は同じ？ ……… 81

問題 35
新薬の判定では、なぜニセ薬を使うのか？ ……… 83

問題 36
「カリスマ医者にかかると病気の治癒率が高まる」
ってホント？ ……… 85

日常から統計現象を見抜く
中級編

問題 37
人間の心理を利用した「リンダ問題」とは？ ……… 89

問題 38
同じデータなのに、なぜ最頻値が違ってくるのか？ ……… 91

問題 39
酔っ払いのランダムウォーク、
その行き着く先はどこになる？ ……… 93

問題 40
1、2、3と書かれた3枚のカード。
2枚取った平均値の分布は？ ……… 95

問題 41
米粒を使って円周率πを求める方法とは？ ……… 97

問題 42
女の子ができるまで子供を産みたい（最大3人まで）。
男女の産まれる数はどうなるか？ ……… 99

問題 43
4人分の手紙と封筒、全部入れ間違える確率は？ ……… 103

問題 44
「お米を食べるとガンになる」というデータは本当か？ ……… 105

問題 45
くじ引きは、引く順番が早い者ほど当たりやすい？ ……… 109

問題 46
くじを「戻す」「戻さない」で確率は変わるか？ ……… 111

問題 47
「200mlのペットボトル」の中身が
ピッタリ200mlの確率は？ ……… 113

問題 48
内閣支持率の推定は、標本を大きくするとどう変わる？ ……… 115

問題 49
大学の合格可能性A判定はコインの確率現象と同じか？ ……… 117

問題 50
「100を超える偏差値」
「マイナスの偏差値」はあり得る？ ……… 119

問題 51
統計学でよく使われる「自由度」とは何のこと？ ……… 121

問題 52
バラけた点の近くを通る直線はズバリどれか？ ……… 123

問題 53
t検定、F検定、χ^2検定……
それぞれの「検定」の違いって？ ……… 125

問題 54
大病院と小病院では、ガンの発見率はどちらが高いか？ ……… 127

問題 55
火災保険の料金、
10戸対象と10万戸対象ではどちらが安い？ ……… 129

問題 56
アンケートで賛成6割なら、「民意」と判断してよいか？ ……… 131

問題 57
成功率10%、30回チャレンジしたらどうなる？ ……… 133

問題 58
精度99%のガン検査、
陽性反応で引っかかってしまうと… ……… 135

問題 59
数学者ポアンカレは
「パン1個100グラム」というウソをどう見抜いた？ ……… 139

問題 60
"統計主婦"が家計簿から見抜いた夫の異変とは？ ……… 141

問題 61
内閣支持率は、なぜ新聞社ごとに異なるのか？ ……… 143

問題 62
全数調査と標本調査、どっちが正確に調べられる？ ……… 145

問題 63
統計学は「好き」「嫌い」などの
質的なデータは処理不能？ ……… 147

問題 64
2つの変量の間に強い関係がある散布図はどれか？ ……… 149

問題 65
統計の黄金ルールにある
「うっかりミス」と「ぼんやりミス」……… 151

問題 66
平均寿命80歳、あなたの平均余命はいくつか？ ……… 155

問題 67
「1等が出ました」という宝くじ売り場で買うと
当たりやすいのは本当か？ ……… 157

問題 68
研修会が有意義か否かは、どうやって判定する？ ……… 159

統計的センスをホンモノにする

上級編

問題 69
3回中2回表が出たコイン、
4回目はどちらに賭けるべき？ ……… 163

問題 70
技量伯仲の2人、2勝と1勝で試合が中断。
賭金はどう分ける？ ……… 165

問題 71
「明日の百より今日の五十」、あなたならどう動く？ ……… 167

問題 72
4個中1個が緑玉であるとわかったとき、
全部が緑玉である確率は？ ……… 169

問題 73
1000人対象の世論調査、
1ポイントのアップに意味はあるか？ ……… 171

問題 74
A〜Cの3箱中1箱に賞金がある。
Aを選んだ後、Cが空と判明。判断を変えるべき？ ……… 175

問題 75
2回で100問のテスト。
B君は個々の正答率で負けても、A君に総合点で勝てる？ ……… 177

問題 76
1億2000万人の日本人の調査。
サンプル数は1000人で足りる？ ……… 179

問題 77
雨の降る日が「特定の曜日」に
偏っているかどうかは判定できる？ ……… 181

問題 **78**
2人の子供のうち1人が男子、残りが女子である確率は？ ……… 185

問題 **79**
ミルクティーとティーミルクの飲み分け真偽、
判定できる？ ……… 187

問題 **80**
多数決で決めても、少数意見が採用されることがあるか？ ……… 191

問題 **81**
開票率1％でなぜ「当確」を出せるのか？ ……… 193

問題 **82**
当たりくじの数がわかっているか否かで、
人の行動は変わる？ ……… 195

問題 **83**
選んだ封筒には10000円、もう片方は倍の可能性…… ……… 197

問題 **84**
20回中表が15回出たコインは正常と言えるか？ ……… 199

付録 ……… 201

おわりに ……… 212

装丁／井上新八
カバー写真／©Henrik Sorensen/Getty Images
本文イラスト／福々ちえ
本文デザイン・DTP／新田由起子（ムーブ）
編集協力／シラクサ（畑中隆）

本書の使い方

　本書は、統計に関する合計84問のクイズで構成されています。初級、中級、上級と大まかに分類され、各クイズは表裏2ページの形式で編集されています。

　まず本書を開くと、右ページに問題があります。

　よく考えて解答が出たら、1ページめくってください。すると、左ページの下側に、前ページの問題の解答があります。

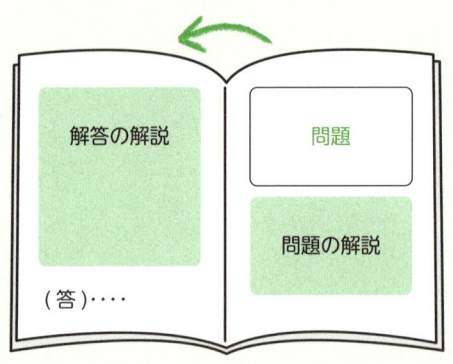

　答えに至る解説にも、ぜひ目を通してみてください。

統計は習うより慣れろ

初級編

この初級編では、日常よく起きそうな統計的事象をクイズにしました。遊び感覚で気楽に取り組んでみてください。

　数学のレベルとしては小学校や中学校で学んだ程度ですが、やはり統計的なセンスが問われます。

　統計は普通とは違ったとらえ方をすることがあるので、まさに"習うより慣れろ"です。感じたままに答えて、クイズで統計的な考え方に慣れてください。

　ただし、答えが合っていても間違っていても、一度は解説に目を通してください。「答えは合っていたが、考え方に誤解があった」ということは統計ではよくあること。

　考え方を大事にし、クイズで統計的センスを1つひとつ磨いていきましょう！

問題 1

平均水深がたった5cmの池でも溺れることはある?

「平均水深5cmの池で人が溺れた!!」とのニュースが流れた。5cmと言えば、大人のくるぶしにも満たないほどの深さである。そんな条件の池で溺れる原因としては、①~③のどれが考えられるだろうか? あくまで「統計のアタマ」で考えてもらいたい。

① 酔っ払いが浅い池で転倒し、起き上がれずに溺れた
② 自分で起き上がることができないほど幼い乳幼児が溺れた
③ 大人も完全に沈み込むような深瀬にはまって溺れた

解説 1

　統計クイズとして着目してほしいのは、「平均」という言葉。その意味を理解していないと、「平均水深5cmの池」を「水深5cmの池」と勘違いしてしまう。統計学では、「平均」「平均値」は全体を1つの数値で代表させた値のことである。

　平均水深5cmということは、水深1cmの箇所もあれば、水深200cmの箇所もあり得る。浅いところや深いところを一律に均したら水深が5cmになる、と言っているに過ぎない。

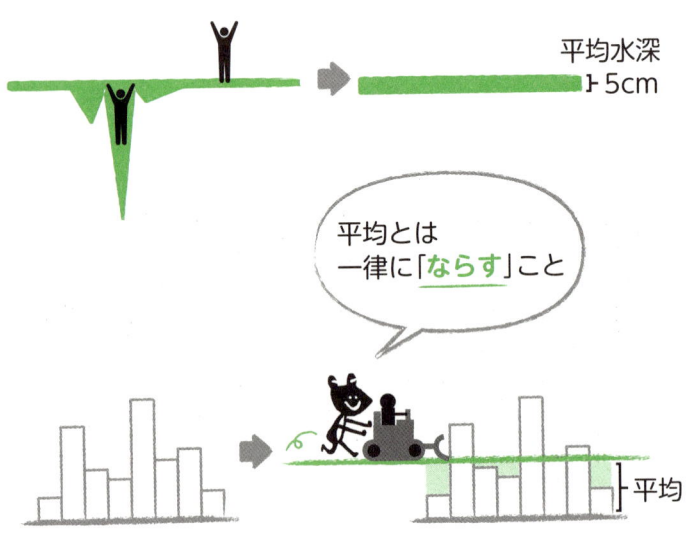

答 ③ （どれも溺れた原因になり得るが、「平均」を重視すると③）

問題 2

初級編

3割打者のジロー。2打席までノーヒットなので、3打席目はヒットの可能性が高まる?

現在、打率3割を維持している好打者ジロー。解説者が「1打席目、2打席目が凡退だったので、この3打席目はヒットの確率が高まりましたよ」と発言。本当にヒットが出やすいと言えるのか?

① 平均して3割だから、3打席目にヒットが出る確率は確かに高まったと言える

② 3割打者というのはトータルで見た場合の話。各打席については何もわからないので、確率が高くなったとは言えない

③ 1打席目、2打席目を凡退したということは、体調がよくないということ。だから、3打席目にヒットする確率はさらに低くなるだろう

017

解説 2

　打率とは「安打÷打数」のこと。例えばジローが今シーズン、100 打数 30 安打だったとする。30÷100=0.3 なので、3 割打者と評価される。つまり、ほぼ 3 回に 1 回の割合でヒットを打つ打者と考えてもいいだろう。これを**相対度数**と呼んでいる。

　相対度数は、単に起きた度数を全度数で割った平均値に過ぎないので、「各回の事情には触れていない」ことが重要。3 割打者が 2 回凡打が続いたからと言って、3 打席目にヒットを打つ可能性が高まるかというと、「何とも言えない」というのが答え。

　野球の場合、各打席の結果が次の打席に影響しない（これを試行の独立という）ものだと考えれば、どの打席でもヒットを打つ可能性は 3/10 である。下図は、3 割打者（正確には 3 割 3 分 3 厘）のヒット、凡打の様子をサイコロでシミュレーションしたものである。サイコロを投げて 1〜4 が出たら凡打＝●、5、6 が出たら安打＝○として 800 回サイコロを振ってみた。これを見ても、●が 2 つ続いた後は○になる可能性が高まる、とは思えない。

答 ②（各打席の結果が次に影響しないことが前提）

問題 3

当たる確率40%のガラポン抽選、2回引いたら80%になるか？

　ここに、40%の確率で当たるガラポン抽選がある。これを2回引いたら、当たる確率は2倍の80%になるのだろうか？　ただし、ガラポン抽選器にはくじが豊富に入っているとする。

① 当然、当たる確率は2倍の80%となる。もし、3回引けば120%なので、必ず当たりくじを引くことができる。

② 例えば、サイコロを振って1の目が出る確率は$\frac{1}{6}$なので、何回振っても毎回1の目が出る確率は$\frac{1}{6}$である。同じ原理でくじを2回引いても2倍になるとは言えない。

|解説| 3

「2回引いたとき当たる」とは何を意味するのか。それがはっきりしないと、40％ × 2 ＝ 80％としてよいかどうかを考えられない。そこで、「2回引いたとき当たる」の解釈を「2回までに当たりくじを引く」と考えてみることにする。

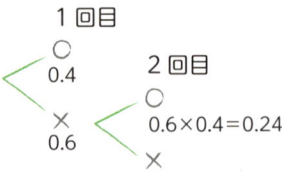

すると、次の2つに分類される。
（1）1回目に当たる …… この確率は 0.4
（2）1回目当たらず2回目で当たる …… 確率は 0.6 × 0.4 ＝ 0.24

（1）と（2）は、一方が起これば他方は起こらない。「2回までに当たりくじを引く」確率は（1）と（2）を足して 0.64 となる。つまり 64％であり、80％ではない。

確率の計算では、次の2つの定理が基本になる。

（ⅰ）**2つの事柄AとBがあり、一方が起これば他方は起こらない**ものとする。このとき、AかBの少なくとも一方が起こる確率は、各々の確率を単純に足せばよい（**加法定理**）。先ほど（1）と（2）を足したのは、そのためだ。

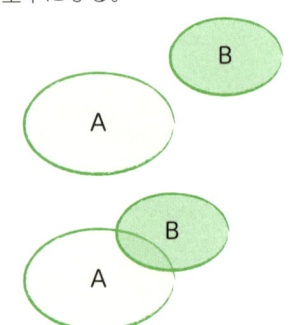

（ⅱ）2つの事柄AとBがあるとき、AとBがともに起こる確率は、Aの起こる確率に、Aが起きたときにBの起こる確率を掛ければよい（**乗法定理**）。つまり、1 －（2回ともハズレの確率）＝ 1 － 0.6 × 0.6 ＝ 0.64 と考えてもよいのだ。

問題 4

昨年の売上は2倍、今年はその8倍、2年間の平均は何倍になるか?

　売上高を調べたら、昨年は一昨年の2倍であった。また、今年は昨年の8倍あった。このとき、2年間の平均は何倍なのだろうか？次の①〜③から選びなさい。

① 平均は「データの総和をデータ数で割ったもの」なので、年平均は（2＋8）÷2＝5倍
② 2倍（一昨年）の8倍（昨年）だから16倍。したがって、年平均は16÷2＝8倍
③ 上記①、②のいずれでもない

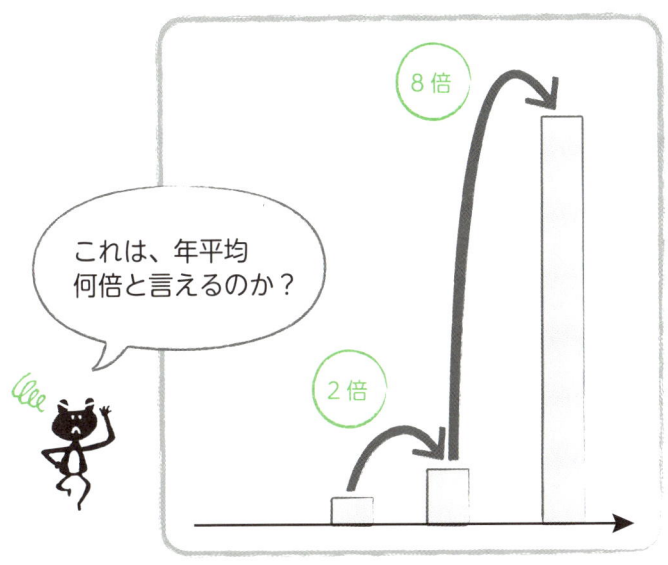

解説 4

　①のように、年平均5倍ということは、2年後には5×5＝25倍になる。②のように、年平均8倍ということは、2年後には8×8＝64倍になる。ところが、問題では「2倍になってから8倍」だから、2年間で2×8＝16倍である。年平均5倍や8倍は大きく見積もり過ぎたようである。

　そこで、本当は何倍になるのかを方程式を立てて考えてみよう。

　年平均x倍であるとすると、2年後には$x×x＝x^2$倍で、これが2×8＝16倍になるので、

　$x^2＝16$

　これを満たす正の数xは4となる。つまり、年平均4倍と考えると2年間で4×4＝16倍となって納得できる。

　平均にも2種類ある。今回の場合でいうと、次のようになる。

$\frac{2+8}{2}＝5$　……　相加平均

$\sqrt{2×8}＝4$　……　相乗平均

ここでは、相乗平均を使うべきとわかる。

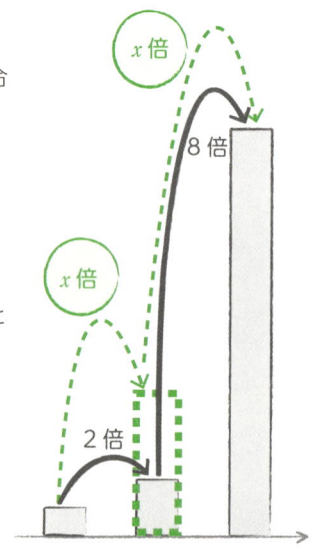

③

問題 5

遅刻回数は、どんなグラフで表せる？

世の中の多くの分布は正規分布（左右対称な山型の分布）だと言われるが、会社員の1年間の遅刻回数の分布についてはどうだろうか？　下図の4つのグラフから適切なものを選びなさい。

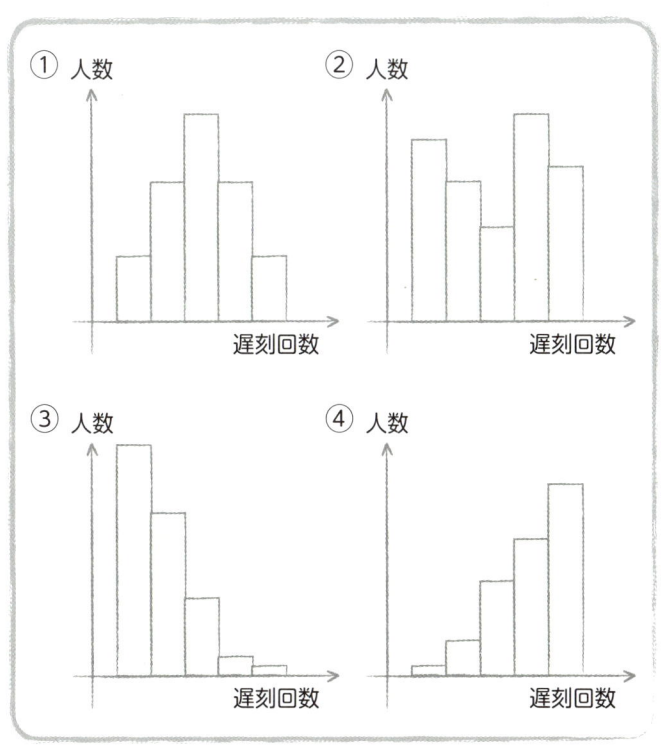

解説 5

①〜④の各分布について説明しよう。

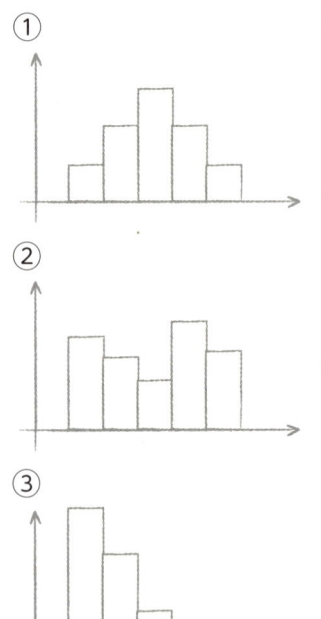

① 入学試験の成績などのように、多数の条件が複合された資料の分布に多い。世の中に多く存在する分布である。
② 一見すると、なんの特徴もないグラフに思えるが、男子と女子を混ぜた身長の分布などがこのケースに当たる。
③ L型分布は小さな値が多くの割合を占める資料の分布に多い。ヒット商品は2割に満たないと言われているので、色々な商品の売上個数の分布などが該当する。問題の場合、遅刻回数が多くなるほど該当者は減っていくと考えられるので、このグラフが当てはまる。
④ J型分布はL型分布とは反対に、値の大きなデータが多くの割合を占める資料の分布に多い。例えば、満点が続出するようなやさしい試験の得点分布など。

答 ③

問題 6

賭博師のコイン投げ──イカサマか偶然かを判断するには？

　ある村の路上で賭けをしている。辺りに警察官はいないようだ。コインをトスし、「表」が出ればお客の勝ち、「裏」が出れば胴元の勝ちだという。確率は1/2だが、1回100円の参加料で、勝てば200円戻ってくる。これはお客に有利だ。

　しかし、さっきから見ていると、すでに3回連続で「裏」が出続け、お客が損をしている。見かねたお客の1人が「イカサマだ！」と文句をつけると、「3回くらい、裏が出続けることだってあるよ。偶然だ、偶然」と即答する。確かに3回くらいの偶然なら、あり得そうだ。そうこうしている間に、5回連続で「裏」が出た。

　「おいおい、3回はわかるが、5回連続の「裏」はおかしいだろ！」という客に対し、「コイントスの確率は、3回『裏』が出たから、次は『表』の出る確率が高まるというものではないんだ」と答える。

　P17の3割打者ジローの問題を思い出してほしい。確かに表が出るか裏が出るかは、毎回、独立している、ということだった。

　さて、こういう場合、どのように言えば胴元に「イカサマです」と認めさせることができるだろうか？　よ～く考えてもらいたい。

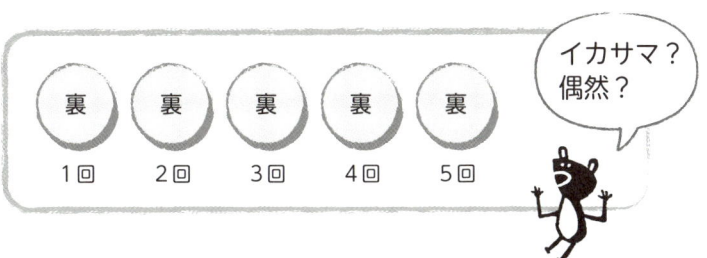

解説 6

　偶然、裏が出続けることは確かにある。しかし、100回も出続ければ誰だって「イカサマ」と思うし、胴元も認めざるを得ない。50回でも、20回でも同じだろう。では、何回連続して裏が出続ければ「イカサマ」と言えるのか——それがこの問題のポイントだ。「たくさん出たらイカサマ」では曖昧だ。人によって感じ方も違う。そこで、**統計では「偶然か否か」、つまり「たまたま起きたことなのか、何か原因がある（イカサマ）のか」を考える際、ある数値で「線引き」をする。それが5％ラインだ。厳密性を要する場合は1％を使うこともある。**ただし、これは5％以内になったから必ず「イカサマ」ということではない。便宜的に、そのラインで判断しようということだ。

　5％や1％がどのくらい小さいかを感覚的に見てみよう。左下図の場合、内側の小さな正方形の面積は外側の大きな正方形の約5％で、右下図の場合は約1％である。

> **答** ゲームをする前に、数値で線引きすることを提案し、「統計学で認められている5％を基準とする」と相手に認めさせる。よって、5％以下の確率で起きることなら「イカサマ」とする。この場合、5回連続して裏の出る確率は $\left(\dfrac{1}{2}\right)^5 \fallingdotseq 0.03$ で3％。これは5％を割っているから「イカサマだ」と説得する。

問題 7

妻は「おしとやか」に見えないが、それでも日本の女性は「おしとやか」？

「日本の女性は、おしとやかである」と見られがち。そこで、問題。次の①～③の説明の中で、正しいと言えるのはどれか？ その理由も考えてもらいたい。

① 私の妻は日本人だ。しかし、決して「おしとやか」には見えない。よって、「日本の女性はおしとやか」というのは正しくない
②「日本の女性はおしとやか」とされている。私の妻は日本人だ。よって、私の妻も「おしとやか」に分類される
③ 私の妻は「おしとやか」ではない。しかし、一般に「日本の女性はおしとやか」は正しいと言える

解説 7

　数学で扱う定理や公式は、いつでもどんな場合でも成り立つ。だから、例外はない。例えば、三平方の定理（ピタゴラスの定理）は、「どんな直角三角形でも、斜辺の長さの2乗は他の2辺の長さの2乗の和に等しい」ことを主張している。

　これに対して、統計の世界の判断は100％正しいことを主張しているわけではない。つまり、**統計的な判断は全体の傾向や特性について述べているだけで、個々のものについては触れていない**のである。だから、個々について当てはまらないことがあってもおかしくない。もちろん、これも程度の問題で、当てはまらないことが多過ぎると、それはもはや統計的な判断とは言いがたい。
「日本の女性はおしとやかである」という見方は、多くの人がそう思えたから「是」とされた統計的な判断である。したがって、例外があってもいいのである。つまり、「日本の女性はおしとやか」は全体としては正しいが、「私の妻はおしとやかでない」こともある。よく考えてみると、我々が仕事や生活で行っている判断の多くは統計的な判断であり、例外はつきものである。

答 ③

問題 8

宝くじは買えば買うほど、損をする？ 儲かる？

「宝くじ」は、1枚よりも100枚ぐらい買ったほうが当たる確率は高くなるだろう。1万枚も買えば、1億円だって夢ではない。

では、たくさん買えば買うほど、宝くじで儲かる確率は高くなるのだろうか？

① 「買えば買うほど損をする」のが統計的現実だ
② 少ない枚数では当たりハズレもあるが、たくさん買えば高額当選金が当たる確率は高くなり、結果的に儲かる確率も高くなる

2014 サマージャンボ宝くじ

	賞金 (円)	本数
1等	400000000	1
1等の前後賞	100000000	2
1等の組違い賞	100000	99
2等	10000000	2
3等	1000000	100
4等	10000	10000
5等	3000	100000
6等	300	1000000

(注) 賞金の本数は宝くじ1000万枚に対する値

1本300円、当たれば4億円!!
連番で買えば6億円!!

解 説 8

宝くじを買ったとき、大儲けをするか、ハズレるか、個別にはわからない。しかし、統計的に見ると、たくさん買った際に「どのくらい戻ってくるか」を考えることはできる。

賞金(円)	本数
1000	2
100	10
0	88
計	100

当たる確率と賞金額から戻ってくる平均額を算出したものを**期待値**と呼んでいる。

もし、その期待値が元手よりも大きくなるようだと、買えば買うほど儲かる。

「宝くじ」の期待値を上表の例で考えてみよう。いま、賞金 1000 円が当たるくじが 2 本、100 円が当たるくじが 10 本、ハズレくじが 88 本の合計 100 本のくじがあるとする。このくじを 1 枚引く場合の期待値は、賞金総額 3000 円をくじの総本数 100 で割ったものである。

(1000 × 2 + 100 × 10 + 0 × 88) ÷ 100 = 30 円

30 円の期待値は、くじを 1 本引くごとに期待される賞金額（戻ってくる期待額）である。もちろん、1 本のくじを引けば必ず 30 円もらえるという意味ではない。あくまでも、理論的に期待される平均金額である。期待値が 30 円、1 本引くのに 50 円なら、たくさん買えば買うほど "損" をする。

問題の宝くじで計算すると、期待値は 143 円（宝くじは 1 枚 300 円）。つまり、半分以下しか戻ってこない。

宝くじは、たくさん買えば買うほど「損をする」ようにできている。

答 正解は①（②は一瞬、「そうかな？」と思うかもしれないが、逆である）

問題 9

火事の原因は「赤いポスト」にある —— これは正しいか？

　ある県で、興味深いデータが発表された。「県内の都市で比較すると、赤いポストが多く設置されている都市ほど、火事が多い！」というのだ。実際、下表から赤いポストと火事の**相関係数**（相関の度合い）を調べると、0.83と非常に高い（相関係数の最大値は1）。このことから、次の①と②の議論のどちらが正しいのだろうか？

① 「相関係数が大きい」ということは、詳細な因果関係までは不明だが、赤いポストが火事の原因であるのは間違いない
② 「相関係数が大きい」というだけでは、因果関係まで認めることはできない

市	ポスト数 x	火事数 y
A	160	6
B	175	7
C	158	6
D	165	6
E	177	7
F	166	7
G	170	6
H	171	6
I	173	7
J	168	6
K	155	5
L	181	8

解説 9

　下図は前ページの表をもとにポスト数と火事数の散布図を描いたものである。そのグラフ上のすべての点のできるだけ近くを通る直線を引いてみた。これを回帰直線と言う。

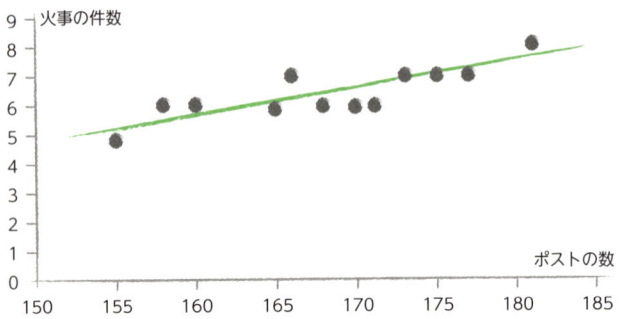

　確かに、赤いポストが増えれば増えるほど、火事は増えている。相関係数も 0.83 と高く、「相関がある」といってよい数値だ。
　しかし、相関関係と因果関係とはイコールではない。
　もし「赤いポストが火事の原因」とすると、赤いポストを減らせば火事も減るのかどうか試せばいい。おそらく、そんなことはないだろう。このように、相関係数は大きいが、本当は因果関係のないものを偽相関という。人は偽相関にだまされやすい。
　では、偽相関を見抜くにはどうするか。問題の2つの項目（赤いポストと火事）に、因果関係のありそうな第3の要因を追加して比較してみる。例えば、「ポストの数と住民の数」「火事の件数と住民の数」はそれぞれ相関があるだろう。結局、「住民が多い」が「火事が多い」の原因と考えられ、赤いポストは偽相関とわかる。

問題 10

アミダくじ、統計的に当たりやすい場所は存在するか？

　最初に皆の前で「当たり」の場所を決め、次に各人が勝手に横線を入れて、アミダくじをした。これなら**当たりの場所がわかっていても、後で横線を入れられたので、どれを引けばいいかわからない。**さて、あなたなら、どこを引く？

① 「当たり」の真上に位置する部分。当たりそう！
② 「当たり」の真上からできるだけ離れた部分が狙い目！
③ 横線がランダムに入ったので、どの位置でも確率は同じ

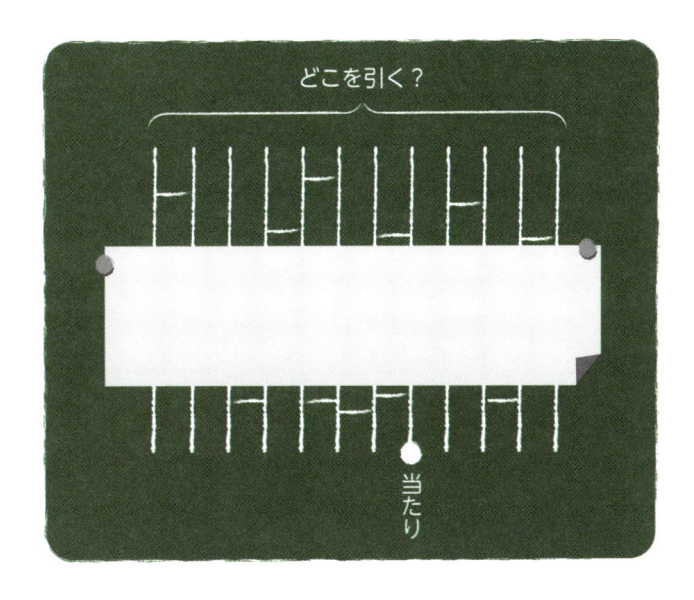

解説 10

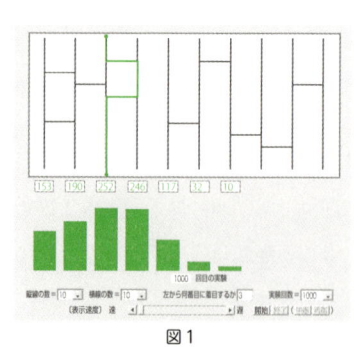

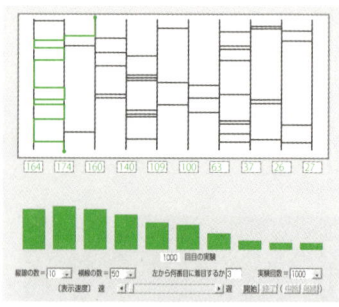

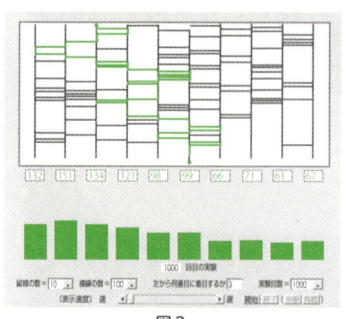

　もし、当たりの位置が見えていたら、どの部分を引けばいいか。コンピュータでデタラメに横線を描くアミダくじを作って実験してみた。

　図1は、横線10本をデタラメに描いて左から3番目を引いたときに行き着く先の度数を調べ、ヒストグラム（柱状グラフ）を作成したもの。図2は横線を50本、図3は横線を100本にして同様に描いてみたもの（いずれも総度数1000）。

　結果を見ると、横線の数が少ないときは、選んだくじの真下周辺に辿り着くことが多い。しかし、横線の数が多くなるにつれ、よくシャッフルされたためか、引いたくじの位置に関係なく行き着く先は公平化される傾向がある。

図1

図2

図3

> 答 ①（横線を1000本も引くなら③と言えるが、通常は10本くらいなので、①が正解）

問題 11

パチンコ玉が落ちやすい場所はどこか？

　下の段に落ちるたびに、確率 0.5 で右か左に進路を変えるパチンコ玉がある。最終的にどのあたりに溜まりやすいのだろう？　下図の①〜③から選びなさい。

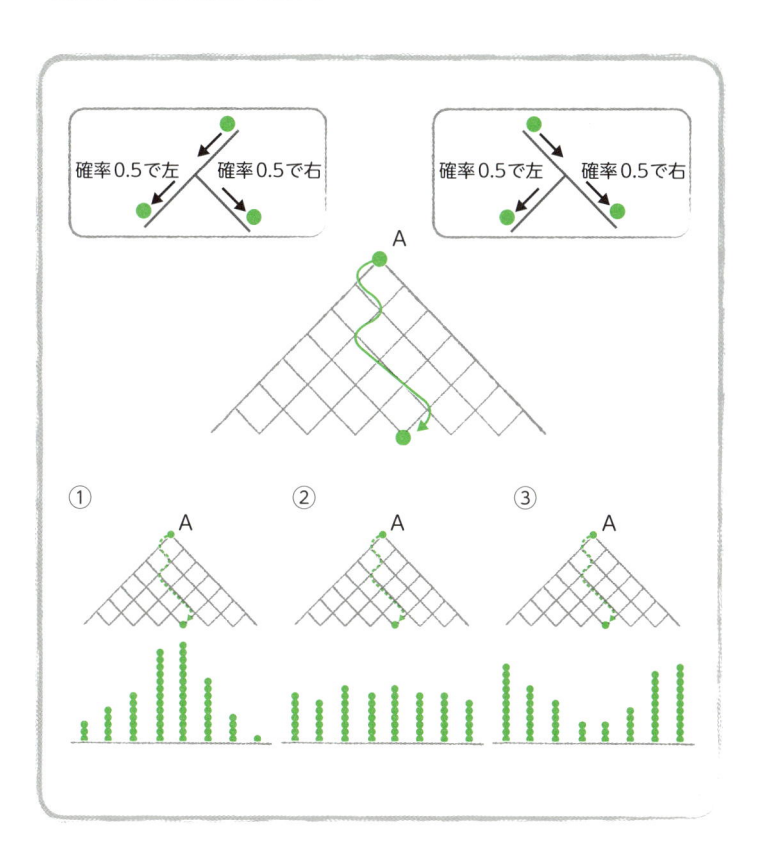

解説 11

　問題に合わせ、コンピュータで100個の玉を落とすシミュレーションをしてみた。すると、下図のような分布になった。

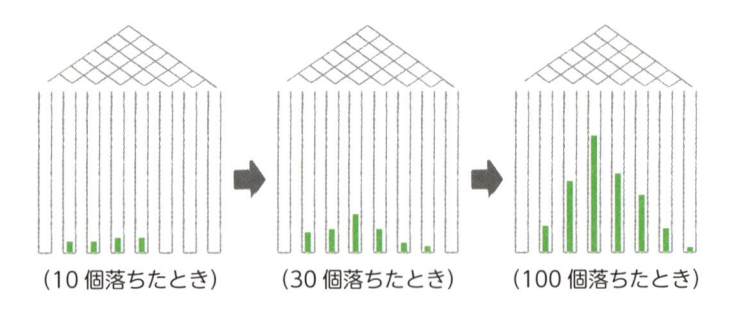

（10個落ちたとき）　　（30個落ちたとき）　　（100個落ちたとき）

　このパチンコ玉は7つの分岐点を通過して到達先が決まるので、「1枚のコインを7回投げたとき、表の出る回数」の分布と同じである。つまり、コインを投げて表（確率1/2）が出れば右へ、裏（確率1/2）が出れば左へ……と、パチンコ玉が下降すると見なすのだ。例えばパチンコ玉が一番左端に落ちた場合、コインが「7回とも裏が出続けた」ことに相当し、左端から2番目に落ちた場合、「7回中1回表が出た」ことに相当する（左端から3番目、4番目……右端の場合も同様）。出る順番は関係なく、表と裏の「出た回数」で位置が決まる。7回なら、当然3～4回は表（あるいは裏）が出る確率が高くなる。

　このように、試行を何回か繰り返したとき、ある事柄の起こる回数についての確率分布を**2項分布**と言う。したがって、パチンコ玉の落ちていく先の分布も2項分布に従うことになる。

答 ①（2項分布なので）

問題 12

相場の格言は確率・統計に通ずる？

相場の世界では、現在までのデータをもとに、未来を予測して商品や株を売ったり買ったりする。したがって、相場の格言は予測に関するものが多く、確率・統計の考え方の宝庫である。

以下に、いくつか有名な格言を挙げるが、この中で相場の格言として、よりふさわしいと思われるものを2つ選びなさい。

① 羹に懲りて膾を吹く
② もうはまだなり、まだはもうなり
③ 明日は明日の風が吹く
④ 見切り千両
⑤ 一寸先は闇
⑥ 七転び八起き
⑦ 石の上にも三年

どれももっともだなぁー

解説 12

②もうはまだなり、まだはもうなり

　商品や株の価格が「もう底だ」と思えるときは、「まだ」下値があると考えたほうがよい。

　反対に、「まだ上がる」と思うときは、「もう」このへんが天井かもしれない、と考えたほうがよい。

　これは江戸時代、米相場をもとに作られた格言で、投資家心理と相場の行き違いを言い得て妙である。

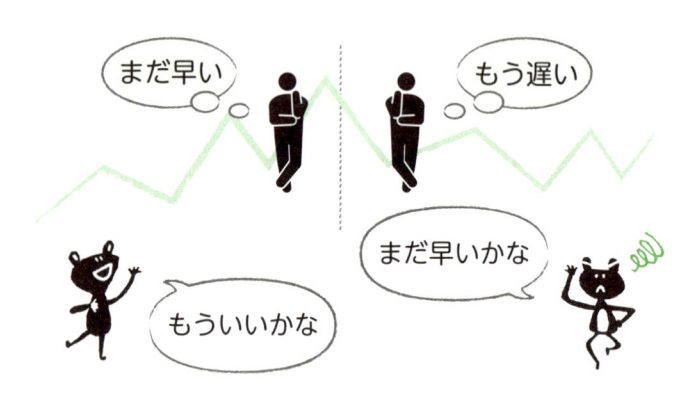

（図：「まだ早い」「もう遅い」「もういいかな」「まだ早いかな」）

④見切り千両

　買った株が下がってくると、株価が戻るのを期待して持ち続けようとするのが人情。しかし、そんなときこそ、「少しくらいの損でさっさと売っておけ！」というのが「見切り千両」である。見切りのタイミングは、早過ぎても遅過ぎてもいけない。

　③も相場の言葉のように思えたかもしれないが、これは明日のことはあれこれ考えても仕方ない、という意味で相場には無関係。

> **答** ②と④（①〜⑦のどれも相場と関係ありそうに思えるが、よりふさわしいものということで、②と④）

問題 13

円グラフを発案した意外な人物とは？

　データを整理して平均を求めたり、表やグラフを作成して分析したりするのが「記述統計学」である。データの裏に潜む本質を理解する上で、重要な分野と言える。

　ここで、統計クイズ。記述統計学でデータをグラフ化するときによく使われる円グラフだが、下記４人のうち誰が最初に考えたのだろう？

① ニュートン
② パスカル
③ ナイチンゲール
④ キューリー夫人

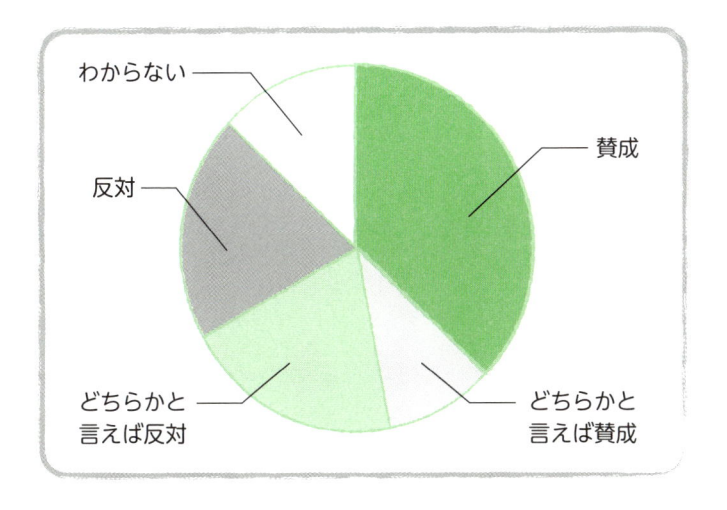

解説 13

　ブレーズ・パスカル（仏：1623〜1662）は数学者、哲学者であり、そして確率論の創始者でもある。確率論は統計学につながっていくから、答えはパスカルか……。いや、「事実は小説より奇なり」の通り、答えはナイチンゲールだ。

　フローレンス・ナイチンゲール（英：1820〜1910）は「近代看護教育の生みの親」と呼ばれているが、統計学の専門家でもあることは、日本ではあまり知られていない。彼女は若い頃「近代統計学の父」と呼ばれたアドルフ＝ケトレー（ベルギー：1796〜1874）を信奉し、数学や統計に強い興味を持ったと言われている。イギリス政府によって看護師団のリーダーとしてクリミア戦争に派遣され、献身的に負傷兵の治療にあたるとともに、病院内の衛生状況を改善することで、傷病兵の死亡率を劇的に引き下げた。下記のちょっと変わった形の円グラフは、クリミア戦争における死因分析を彼女が表したグラフである。

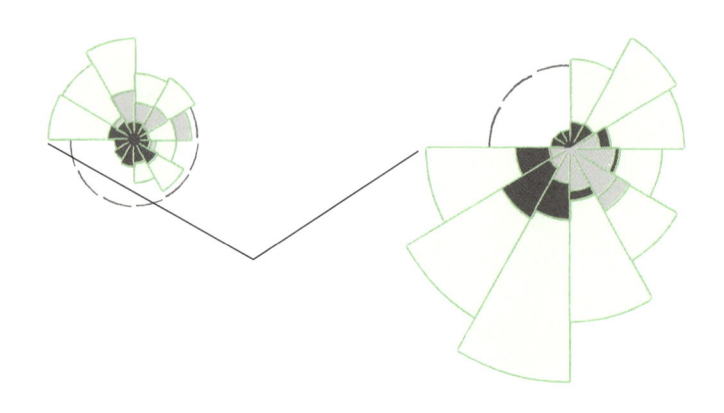

答 ③

問題 14

「運のいい人、悪い人」を統計で考えると、意外な結論が

　前回、宝くじで1万円当たったお隣のおばさんは、今回も1万円当たった。それに比べ、私はハズレばかり……。

　そんな私の個人的経験からすると、「世の中には、ついている人と、そうでない人がいる」ように思える。これを統計学では、どう考えればいいのだろう？ 次の①②から答えを選びなさい。もちろん、理由も考えて。

「運のいい人、運の悪い人」はこの世に、
① 存在する。思いたくないが、現実にそうだ
② いない。他人を妬んでいるだけ。生涯を均せば同じさ

解説 14

コインの表裏の出る確率は1/2とされるが、10回トスした場合、正確に5回ずつにはならず、4回と6回になったりすることを**確率現象の揺らぎ**と言う。もちろん、100万回も繰り返せば、1/2に近づいていくと予想できる。

もし人生に無限に近い長さがあれば、誰もが幸運・不運は同等に現れると考えてよい。しかし、人生は短いので確率現象にも「揺らぎ」が生じ、結果として、個人によって「運・不運」の違いが生じてしまう。

図は、コインの表の出る回数（相対度数）を実験したもので、表が出たら幸運、裏が出たら不運が起きたと解釈する。グラフ1は回数が少ないうちは幸運な人、グラフ2は不運な人、グラフ3は良かったり悪かったり…の例である。

グラフ1

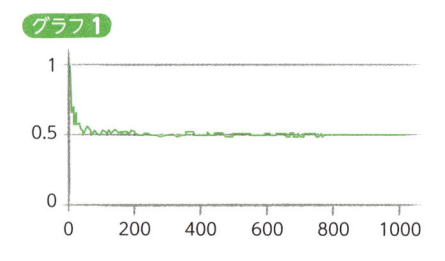

グラフ2

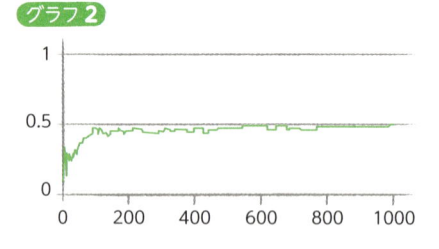

グラフ3

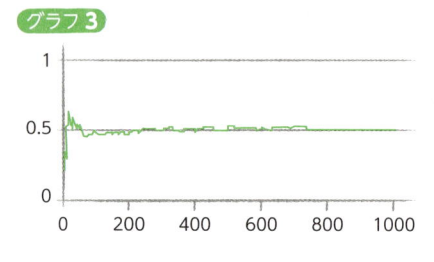

> 答 ① （ただし、結果的にである）

問題 15

画鋲の針が上を向く確率はどうやって求める？

コインの表の出る確率は 1/2、サイコロの 1 の目の出る確率は 1/6 と、理論的に簡単に求められる。では、画鋲の場合、その針が上を向く確率について、どうすれば求められるのだろう？

① 上を向くか、下を向くかの 2 つに 1 つだ。よって確率は 1/2
② 針の長さ L、円盤の直径 m の長さを調べる。L ÷ (L ＋ m) が求める確率である
③ 何回も投げてみて、針が上を向く回数（相対度数）を調べる

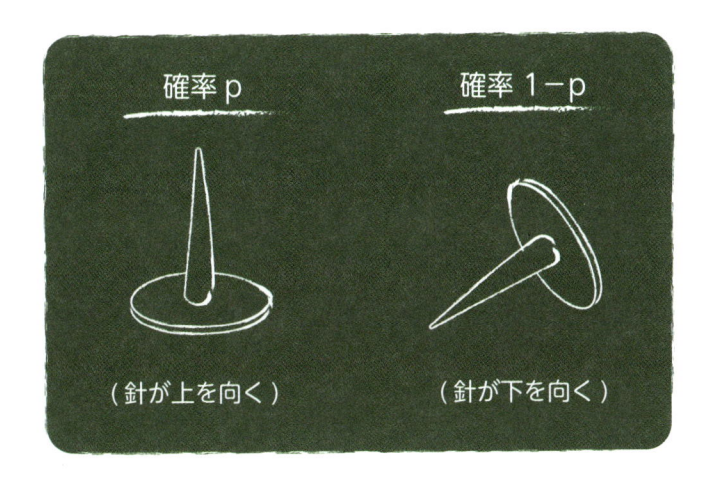

確率 p　　　　　　　　　確率 1 − p

（針が上を向く）　　　　（針が下を向く）

解説 15

　②に見慣れない数式があるので、思わず②を選んだ人はいないだろうか。これはイジワルな引っ掛けである。

　コインの場合、表と裏の2通りの目の出方があり、それぞれ同様に確からしいと見なすと、表の出る確率は 1/2 と考えられる。このように、理論だけで求めた確率は「**数学的確率**」と呼ばれる。

　これに対し、コインを何回も投げて表の出る相対度数を調べ、安定した値（相対度数の安定性）をコインの表の出る確率とする考え方がある。実際に実験をして求めたものなので、「**統計的確率**」と呼ばれる。表裏が同じ模様で均質な材料で作られたコインの表の出る統計的確率は 1/2 となり、数学的確率と一致する。

　さて、画鋲の場合、その形状から見ても、数学的確率を導き出すのは困難。そこで実際に投げてみて、上を向く確率（統計的確率）を求めることになる。下図は、市販の画鋲を投げ、画鋲が上を向く相対度数の推移を 1000 回まで調べたもので、ほぼ 0.6 に近づくことがわかる。よって、この画鋲が上を向く確率はほぼ 0.6 である。ただし、他の種類の画鋲では、この値は異なることになる。何事も、やってみないとわからない、ということである。

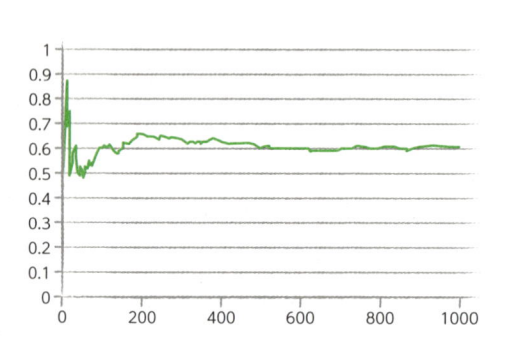

答 ③

問題 16

宝くじと競馬、「当てる」という意味での根本的な違いは？

　宝くじも競馬も、いわゆるギャンブルである。ところで、「当てる」という意味で考えたとき、この2つのギャンブルの根本的な違いは何だろう？

① 競馬は人馬一体となったレースで勝敗が決まるが、宝くじの当たりは電気じかけの矢を放って決まる
② 競馬は20歳未満購入禁止という年齢制限があるが、宝くじにはない。参考までに、パチンコは18歳未満入店禁止、競馬・競輪・競艇・オートレースは20歳未満購入禁止
③ 競馬の配当金は課税対象になり得るが、宝くじの当せん金は非課税である
④ 競馬は経験やカンの入り込む余地があるが、宝くじにはない

解説 16

　①〜③は、競馬と宝くじのルールや方法の違いを言っているに過ぎない。ギャンブルとしての根本的な違いは④である。

　当たることに関して、宝くじは自分の意志や判断が入り込む余地がまったくない。「コインを投げて、その表裏を賭ける」原理と同じだからである。これは、完全に「運まかせ」であり、これまでの経験を活かすことはできない。つまり、宝くじに熟練すれば当たるようになる、というものではない。

　一方の競馬はどうだろうか。16頭が出走するレースで、1着の馬が当たる確率は1/16であるが、これは「16頭の馬の実力がまったく同じ」と仮定した場合である。しかし、こんな仮定は実際の競馬では通用しない。実力差は当然あるし、その日の競走馬の体調によっても変化する。騎手の影響も甚大である。

　したがって、競馬の場合は、色々なデータやこれまでの経験をもとに、「自分で勝つ馬を予測」することができる。勝馬の予想情報誌も発行されているので、情報集めもできる。そのため、競馬にはプロを目指す人がいる。

　なお、ギャンブルは「期待値」が大事な要素であるが、宝くじと競馬ではかなり違う。宝くじの期待値は支払額の40％ぐらいだが、競馬の期待値は75％もある。つまり、理論的には、1万円を投資した場合、宝くじは4000円しか戻ってこないが、競馬は7500円ほど戻ってくる。競馬はそれまでの勉強や経験を活かすことが多少でもできるが、宝くじは「運次第」で、自分で何かできるわけではない。①は「運次第」と言っている面もあるが、積極的に違いを述べているのは④である。

答 ④

問題 17

「平均の平均」は全体の平均になる？

　男性社員の平均年齢が 30 歳、女性社員の平均年齢が 20 歳の会社がある。このとき、男女の社員の平均年齢は、$\frac{30+20}{2} = 25$ 歳で正しいだろうか？

① 正しい
② 間違っている可能性が高い

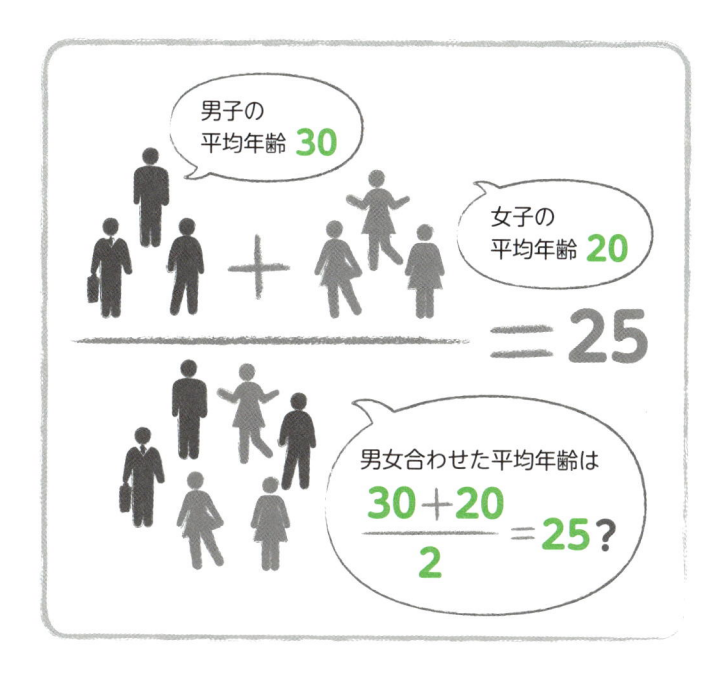

047

| 解 | 説 | 17 |

平均値は 25 歳になることもある。例えば、

男子 3 人 {20、30、40} の平均は $\frac{20+30+40}{3} = 30$

女子 3 人 {18、20、22} の平均は $\frac{18+20+22}{3} = 20$

よって、それぞれの平均の平均は $\frac{30+20}{2} = 25$

ここで、実際に男女を合わせた平均を計算してみると、

男女 6 人の平均は $\frac{20+30+40+18+20+22}{6} = 25$

このように、男子社員、女子社員の人数が等しければ、「平均の平均」は「全体の平均」となって等しい。しかし、もし男子社員が 3 人、女子社員が 2 人で、人数が違うと、

女子 2 人 {18、22} の平均は $\frac{18+22}{2} = 20$

その場合の「平均の平均」は、

男女 5 人の平均は $\frac{20+30+40+18+22}{5} = \frac{130}{5} = 26$

残念ながら、平均の平均 25 歳は、実際の平均（全体の平均）26 歳とは等しくない。このように、男子と女子の人数が同じであれば「合体した集団の平均値はそれぞれの平均値の平均値」に等しくなるが、人数が違えば「平均の平均」は「全体の平均」とは等しくない。これは勘違いすることが多いので、要注意。

答 ②

問題 18

太郎も花子も5教科の平均点は80点。なぜ太郎だけが表彰されたのか？

　国語、社会、数学、理科、英語の5教科で、花子と太郎の平均点はともに80点だった。けれども、太郎だけが表彰され、花子は表彰されなかった。その理由は何だろう？

　選択肢なしのノーヒントで、どういう可能性があるかを考えてもらいたい。

解説 18

「平均点」は個々の違いを均して1つの値にしたものだから、個々の点数の内訳が見えない。したがって、平均が同じでも中身が違っている、と考えるべきである。例えば、2人の得点が下記のようだったらどうだろうか。

	国語	社会	数学	理科	英語	平均
花子	82	80	79	78	81	80
太郎	60	60	100	100	80	80

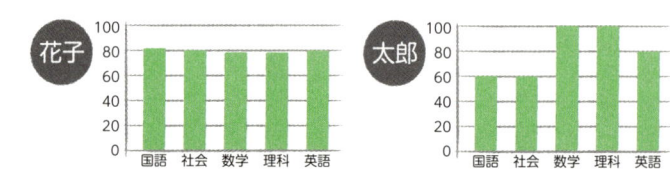

平均点は同じ80点だが、中身はかなり違う。花子はどの教科も高得点なのに対し、太郎は2つだけ抜群の科目がある。これが太郎が数学と理科で優秀教科賞を受賞した理由。

花子はバラツキが小さく、太郎は大きい。統計学では、このバラツキの大小を表す指標として**分散**がある。**分散とは、個々のデータと平均値との差の2乗の平均値である。**統計学では、「平均値」とともに「分散」が最も重要な値となっている。

参考までに、花子と太郎の分散はそれぞれ2と320である。

$\{(82-80)^2+(80-80)^2+(79-80)^2+(78-80)^2+(81-80)^2\} \div 5 = 2$

$\{(60-80)^2+(60-80)^2+(100-80)^2+(100-80)^2+(80-80)^2\} \div 5 = 320$

答 平均値は同じでも、中身が違う可能性があるから

問題 19

100点満点の試験、90点で怒られ、30点で褒められる理由とは？

　100点満点の試験では、90点は高得点である。逆に、30点や20点は相当低い得点だ。30点未満となると赤点かもしれない。

　しかし、太郎くんは30点で褒められ、次郎くんは90点で怒られた。どのようなケースが考えられるだろうか？　もちろん、統計的な見地から考えてもらいたい。

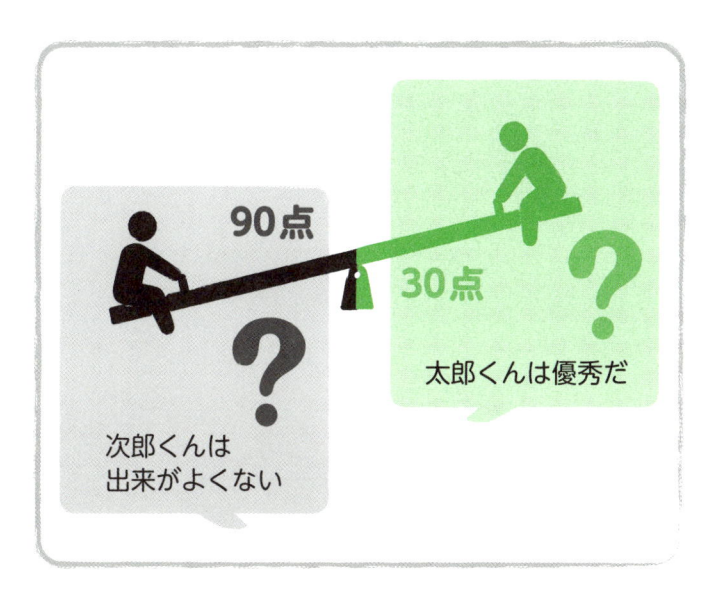

90点　次郎くんは出来がよくない

30点　太郎くんは優秀だ

解説 19

　90点は良い得点、30点は悪い点数……というのは、平均が50点くらいのケースの話である。だから、平均点が95点もあるようなテストなら、「90点？　しっかり勉強しろ」と怒られるし、猛烈に難しいテストであれば、30点でも高評価をされる。

　また、平均点だけでなく、点数がどれだけバラけていたかも、評価する際の重要なポイントである。そこで、**偏差値**が評価の際に利用される。

$$偏差値 = \left(\frac{素点 - 平均点}{標準偏差}\right) \times 10 + 50$$

　素点から平均点を引いて、まずは平均点を0とし、これを**標準偏差**で割ることでバラツキ具合を1に統一。それに10を掛けることで標準偏差が10になり、最後に50を加えて平均値を50にする。このことで、偏差値の平均値は50、標準偏差は10となる。下表は素点から標準偏差を算出した例である。

No.	素点	偏差値
1	90	44
2	95	56
3	85	31
4	90	44
5	95	56
6	90	44
7	95	56
8	100	69
9	95	56
10	90	44
合計	925	500
平均	92.5	50
分散	16.25	100
標準偏差	4.0311289	10

素点90点の偏差値は44点!!

No.	素点	偏差値
1	15	44
2	20	51
3	10	37
4	30	64
5	25	57
6	20	51
7	10	37
8	25	57
9	30	64
10	10	37
合計	195	500
平均	19.5	50
分散	57.25	100
標準偏差	7.566373	10

素点30点の偏差値は64点!!

答　絶対的な得点として怒られたり、褒められたのではなく、相対的な位置（偏差値）からの評価だったから

問題 20

統計学は、デタラメの上に成り立っている？

娘：統計学を勉強していると「**ランダム化比較実験**」とか、「**ランダムサンプリング**」という難解な言葉がたくさん出てくるのよ。でも、考えてみたら、ランダムってデタラメって意味でしょ。統計学って、デタラメの上に成り立っているの？

父：ランダムを使うから、統計学は信じられる……と本には書いてあるな。

娘：ふ〜ん、それって、どういう意味なの？

さあ、どういう意味か、考えてもらいたい。

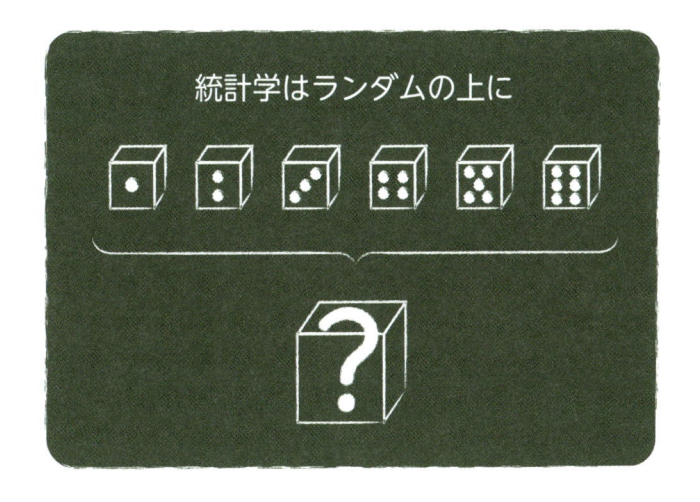

解説 20

　博打の世界では、人間の意図が入れば「イカサマ賭博」である。だから、「デタラメ（ランダム）」を前提に賭けをする。

　統計学も人間の意図が入ったら「イカサマ統計」になる。例えば、栄養状態のいい地域だけを調べて、全国の体重の平均値を統計学の推定の原理で求めようとしても無理がある。それは、推定の理論が確率論の上に構築されているからである。そして、確率論はデタラメを大前提として組み立てられている。

　したがって、「一部」を調べて「全体の特性」を見抜こうとする「推定」や、全体の一部を調べて全体の特性が正しいかどうかを判定する「検定」といった推測統計学の世界では、ランダム（無作為）が保障されていない「一部」を使うことはご法度。

　統計学では、全体のことを**母集団**、ここから取り出される一部のことを**標本**という。母集団からランダムに標本を取り出すことを**ランダムサンプリング**と言うが、これが統計学の命だ。

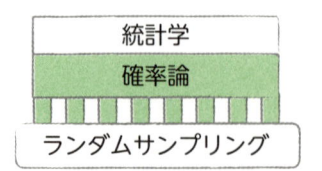

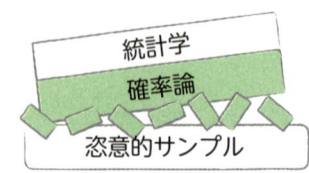

統計学	統計学
確率論	確率論
ランダムサンプリング	恣意的サンプル

　ただ、ランダムサンプリングは大変なので、実際には不十分なサンプリングをし、そのデータから判断を下すことも珍しくない。なかには、都合のいいデータを集め、都合のいい統計的判断を導いている場合もある。統計資料を見たら、どのようにして得られたものか、チェックしたい。

> 答 人間の意図が入らないことが重要である、という意味

問題 21

帯グラフで表した市場シェアのトリックを見抜けるか？

下図は、住宅業界シェア No. 1 である A 社が、宣伝用のパンフレットに掲載した**帯グラフ**である。この帯グラフの編集意図は何だろうか？

| A社 | E社 | C社 | B社 | D社 |

① A社が業界トップだから、左から1番目に配置した
② A社の隣にシェアの小さい E 社を配置し、A 社を際立たせている
③ ランダムの精神に則って配置したら、偶然こうなった

A社のシェア、すごいねー！

解説 21

もし、シェア順に左から右へ会社を並べた帯グラフを作れば次のようになる。一見すると、A社とB社の差がはっきりしない。

| A社 | B社 | C社 | D社 | E社 |

そこで、A社の優位性を際立たせるために、1番シェアの少ないE社をA社の隣に配置し、その隣にB社よりシェアの小さいC社を配置し、A社を際立たせたものと思われる（下図）。

| A社 | E社 | C社 | B社 | D社 |

本来、帯グラフというのは、下図のように長さを揃えたグラフを並べ、それぞれの構成比を示すことによって比較するためのグラフである。

2012年

| A社 17 | B社 17 | C社 15 | D社 13 | E社 11 |

2013年

| A社 19 | B社 19 | C社 14 | D社 11 | E社 10 |

2014年

| A社 20 | B社 17 | C社 15 | D社 13 | E社 8 |

答 ②

問題 22

円グラフが科学であまり使われない理由とは？

　統計資料には**円グラフ**がよく使われる。しかし、このグラフには不都合な点がいくつかある。それは何だろうか？

① 描くのが大変
② 立体的な円グラフは技術的に難しい
③ 何が多くて、何が少ないかの判断が難しい
④ 立体図は扇形の面積を誤解させる

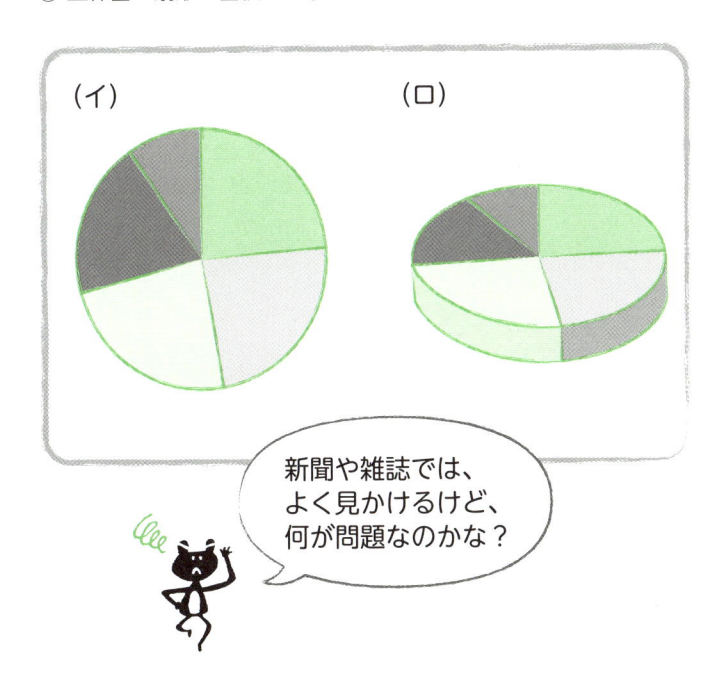

(イ)　　　　(ロ)

新聞や雑誌では、よく見かけるけど、何が問題なのかな？

解説 22

　円グラフはマスコミやビジネスでよく使われるが、科学の分野ではあまり使われない。それは、円グラフでは正確に見せるのに無理があるからだ。

　前ページの（イ）の円グラフを見てみよう。円グラフは中心角の大きさで大小を比較するが、人間というのは角度の大きさで判断することには不慣れである。もちろん、角度の大小は扇形の面積に現れるものの、微妙な面積の違いを比較するのは難しい。

　しかし、グラフの高さについては、その違いを明瞭に認識できる。下図（ハ）は（イ）の円グラフを棒グラフで表したものである。このグラフの場合、大小で迷うことはない。

　（ロ）の立体的な円グラフを見てみよう。遠近法的な要素が加わり中心角や扇形の面積がかなり変形されているため、もとの（イ）のイメージとはかなり違ったものになっている。

　円グラフにはこのような欠点がある。この欠点を利用して、人をだます円グラフが作られることがあるので、要注意だ。

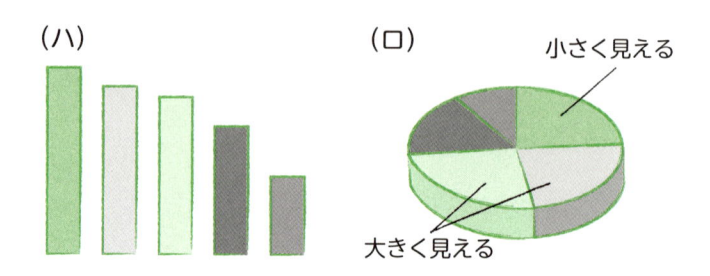

（ハ）　　　　　　　（ロ）　　小さく見える

　　　　　　　　　　　　大きく見える

答　③と④

問題 23

平成25年の2人以上の平均貯蓄額は1739万円もある？

　新聞を読んでいたら、平成25年平均の2人以上の世帯の平均貯蓄額は1739万円と書いてあった。
「えっ？」と思ってもう一度見直したが、やはり1739万円！！
　我が家は夫婦で朝から晩まで汗水垂らし、一所懸命働いている平均的な家庭だと思っていたが、この額には及びもつかない。統計はしばしば嘘をつくというが、真相は①〜③のどれだろう？

① ホントに平均貯蓄額1739万円
② よく調べたら、共働き世帯の平均貯蓄額だった
③ よく調べたら、正規雇用社員の平均貯蓄額だった

私たち120万円よ

私たち450万円よ

私たち950万円よ

日本には、億万長者が……

解説 23

残念ながら、①が答えである。

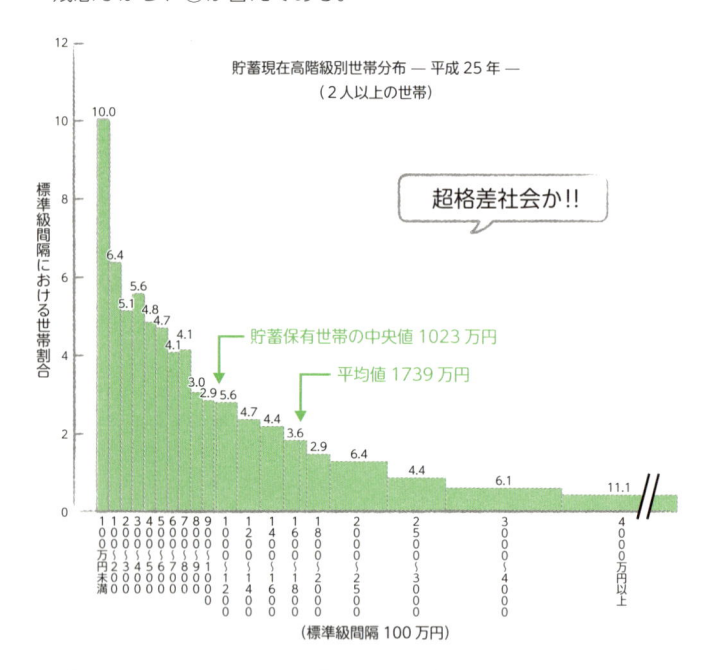

貯蓄現在高階級別世帯分布 — 平成25年 —
(2人以上の世帯)

超格差社会か!!

貯蓄保有世帯の中央値 1023万円

平均値 1739万円

(標準級間隔 100万円)

データの種類によっては、「**平均値**」が全体を代表する値として不適切なことがある。まだ、「**中央値**」(データの真ん中の値)の1023万円のほうが庶民の実感に合っているかもしれない。

また、「モード」と呼ばれる**最頻値**(一番多い数値)の約50万円の方が代表値として、ふさわしいかもしれない。なぜなら、一番該当者が多いからである。

1739万円と50万円、どちらもホントの数字だが、どれを用いるかで影響は甚大だと実感してもらえただろう。

答 ①

問題 24

「選挙の事前調査は本調査をゆがめる」というのはホント？

　選挙が近づくと、事前に政党や立候補者の予測支持率が報道されることがある。現代の統計学をもってすれば、本選挙の結果を事前にピタリと当てることも不可能ではないように思われる。

　しかし、気になることがある。事前調査を発表してしまうと、本調査に影響が出てしまうのではないか。もし、そうならば事前調査の発表は考えものかもしれない。本当のところは、どうなのだろうか？　もちろん、統計学的な観点から考えてもらいたい。

① 事前調査は本調査に影響しない
② 事前調査は本調査に影響する

> この調子でいけば私は当選するぞ!!

> この候補者の支持率が高いなぁ〜。
> それでは……
> それじゃ……

解説 24

　事前調査の結果、もし自分が支持する政党や候補者が当落選上にいたら、間違いなく投票に行くだろう。逆に、絶対に有利で独走していたり、挽回不可能な劣勢だと事前に報道されたりすれば、「今回は投票するのはよそうか」となりやすい。

　とすれば、「調査の事前発表は本調査に影響しない」とは言い切れないようである。実は、これに関しては次の「**デュヴェルジェの法則**」というものが知られている。

　この法則は「事前調査を発表した後は、実際に選挙で競い合う候補者数は（選挙区の定数＋1）に近づく」というものである。下図は1人区の例である。各政党もこのデュヴェルジェの法則を利用して、色々な選挙対策を打ち立てているそうである。

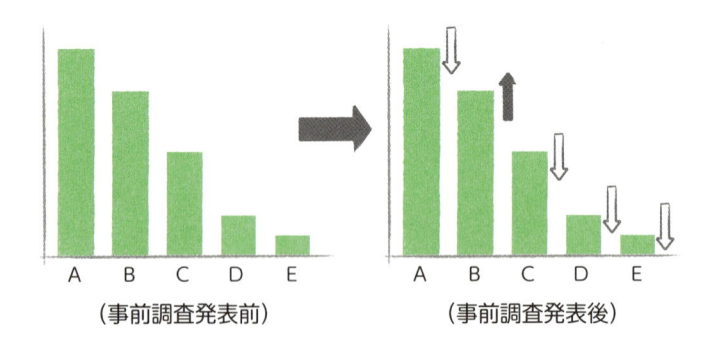

（事前調査発表前）　　　（事前調査発表後）

　事前調査の結果は、このように選挙人の気持ちを微妙に左右するので扱いには十分な注意を要する。本書の読者の中に、これを悪用しようと考えている人はいないとは思うが……。

答 ②

問題 25

「売上の8割は2割の商品のおかげ」って、ホント？

社員：部長、取引先のA社って、100種類以上の商品があるということですが、売れているのは、ほんの一部だけらしいですよ。利益は上がっているけど、A社って、ホントは危ないんじゃないでしょうか？

部長：それが、普通だろう。

さて、部長はどういう意味で「普通」と言ったのだろうか？

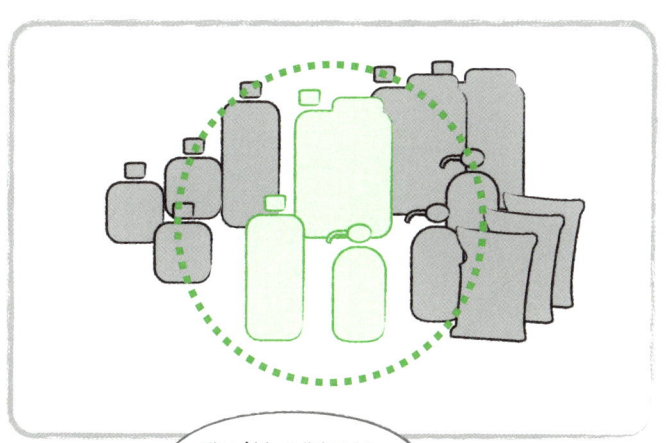

我が社の製品はいっぱいあるが、主な売れ筋は、この3つだけ!!

解説 25

　ビジネスの世界では、「売上の8割は顧客全体の2割によって生み出されている」と言われている。同様に、「商品の売上の8割は2割の商品で生み出されている」という。このような法則は「**パレートの法則**」（**80:20法則**）と呼ばれている。

「20%で80%の売上」だから、トップ20%の商品をチェックし、商品の顔ぶれの変化（新年度の商品がどのくらい入っているか）を過去5年にわたって振り返ってみると、どんな商品によって安定的に支えられているのか、あるいは自転車操業的になっているかをいち早く分析できる。

　なお、売上にそれほど貢献していない「残り8割」の商品群はロングテールと呼ばれている。下のグラフで見るとわかるように、長い尾っぽ（ロングテール）のように見えるからだが、これらの商品を重視すべきか、しないほうがよいかは一概には言えない。

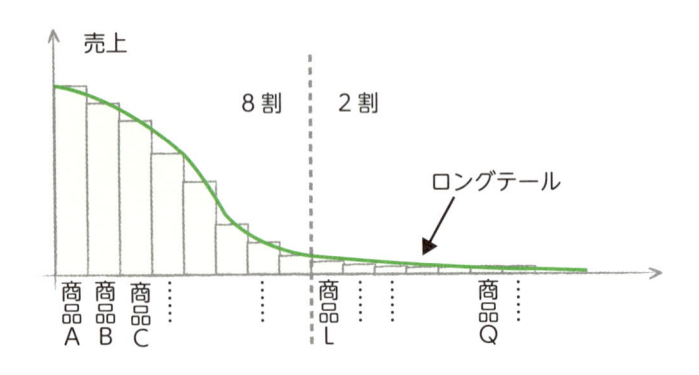

答 少ない商品が全体の売上を支えているのは、普通だから

問題 26

日本の食料自給率は低水準、それとも高水準？

　評論家A氏「日本の食料自給率は40％で、超低水準だ。もっと助成金を与え、日本農業を育成すべきだ」
　評論家B氏「いや、すでに70％というデータもある。もっともっと海外の安い食料を輸入していくべきだろう」
　この2人の評論家は、互いにウソをついているわけではない。しかし、資料に誤差はつきものとはいえ、40％と70％ではあまりにも違い過ぎる。その理由は①〜③のどれだろう？

① アンケートの取り方による
② 食料の量を何に換算するかによる違いである
③ やはり誤差のうちである

解説 26

　食料自給率というのは、「食料消費が国産でどの程度、賄えているか」を示す指標であり、次の2通りで表現される。

（1）カロリーベース総合食料自給率

　これは、1人1日当たりの国産供給熱量を1人1日当たりの供給熱量で割って求めたものである。

[例]

$$\frac{1人1日当たりの国産供給熱量（939\text{kcal}）}{1人1日当たりの供給熱量（2424\text{kcal}）} = 39\%（2013年度）$$

（2）生産額ベース総合食料自給率

　これは、食料の国内生産額を国内の消費額で割ったものである。

[例]

$$\frac{食料の国内生産額（9.9兆円）}{食料の国内消費額（15.1兆円）} = 66\%（2013年度）$$

　算出方法の違いによって、統計を受け取る側の印象は大きく違ってくる。自給率は十分だと言いたい人は生産額ベースで主張すればいいし、不十分だと言いたい人はカロリーベースを採用するかもしれない。データは都合よく使われる可能性があるから怖いのだ。

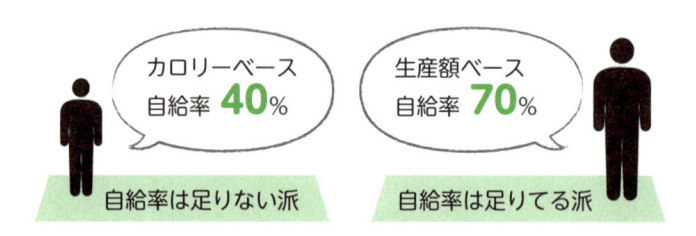

カロリーベース 自給率 **40**%
自給率は足りない派

生産額ベース 自給率 **70**%
自給率は足りてる派

答 ②

問題 27

売れた商品が辿る曲線はどれか？

　不思議なことに、生物の繁殖、流行の浸透度、商品の売れ行きなどは、同じような曲線を辿って変化することが多い。

　その曲線を表したグラフは①〜④のどれだろう？　理由も考えてほしい。

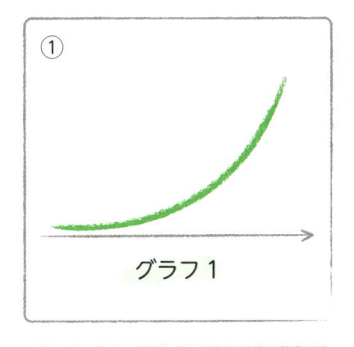

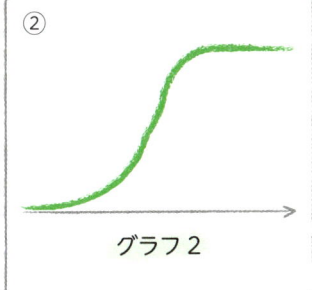

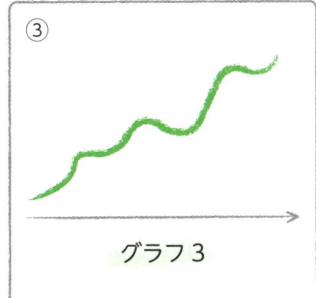

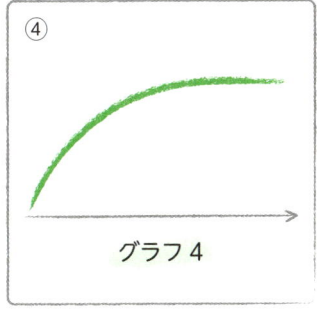

① グラフ1

② グラフ2

③ グラフ3

④ グラフ4

解説 27

増加はするが、上限があるという場合、この増加の様子を表す曲線に**ロジスティック曲線**と呼ばれるものがある。

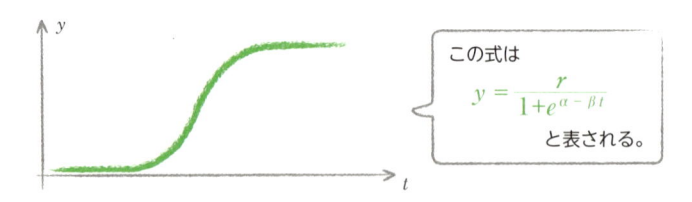

この式は
$$y = \frac{r}{1 + e^{\alpha - \beta t}}$$
と表される。

これは成長曲線と呼ばれる曲線の1つである。最初はゆっくり成長するが、次第に加速し成長期を迎える。しかし、一定の時期を過ぎると成長は止まり始め、安定期に入る。

このような成長の過程は何も生物に限ったことではない。例えば、テレビやエアコンが世に出され、売れ始めて急速に普及し、そして行き渡る経過はこの曲線に重なるものがある。

ちなみに下記の表とグラフは、ここ40年間の普通車保有台数の推移を表したものである。まさしく、ロジスティック曲線である。

年度（西暦）	普通車保有台数
1970	77,374
1975	207,511
1980	472,314
1985	711,914
1990	1,784,594
1995	7,874,189
2000	13,942,626
2005	16,634,529
2010	16,890,402

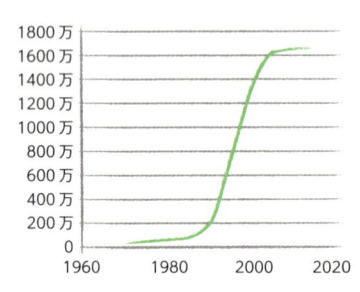

（注）ロジスティック（logistic）とは、軍事の分野では「兵站」と訳されるが、経済の分野では「物流」と訳される。

答 ②

問題 28

{1、2、3}と{101、102、103}、バラツキはどちらが大きい？

　統計学では**データのバラツキ**は最重要である。もし、バラツキのないデータ（バラツキ＝０）なら、統計学の入り込む余地がない。例えば、人間の身長が老若男女を問わず皆同じなら、少なくとも身長に関しては分析しようがない。

　では、Ａグループのデータが{１、２、３}、Ｂグループのデータが{101、102、103}のとき、どちらのバラツキが大きいか？

① ＡグループのほうがＢグループよりバラツキが大きい
② ＢグループのほうがＡグループよりバラツキが大きい
③ ＡグループとＢグループのバラツキは同じ

バラツキ 大　　情報量 多い　　個性 豊富

バラツキ 小　　情報量 少ない　　個性 乏しい

解説 28

　①と思った人が多かったかもしれないが、不正解である。データのバラツキは統計学では非常に大事である。そのバラツキの指標が「**分散**」だ。

　いま、n 個のデータ $\{x_1、x_2、x_3、…、x_n\}$ があると、分散 σ^2 は次のように定義される。ただし、$\bar{x}$ とはデータの平均値のことだ。

$$\sigma^2 = \frac{(x_1-\bar{x})^2+(x_2-\bar{x})^2+(x_3-\bar{x})^2+……+(x_n-\bar{x})^2}{n}$$

　つまり、各データについて平均値との差（偏差）をとって、さらにそれを2乗するのだ（変動）。

　0.1 2乗 → 0.01　　　30 2乗 → 900

　こうしてできた n 個の「変動の平均値」を「分散」と呼び、バラツキが大きいデータほど、分散が大きくなる。

　さて、問題のAとBのグループについて分散を計算すると、ともに 2/3 = 0.666…… である。分散という観点からは、バラツキは同じ。意外な結論だったかもしれない。

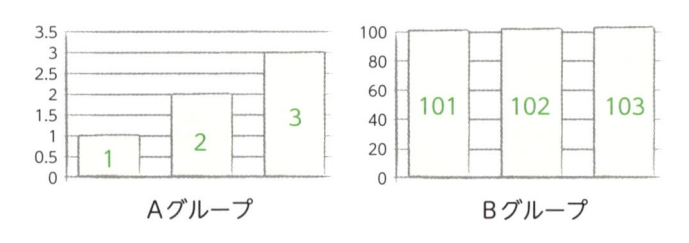

答 ③（上の2つのグラフの縦の目盛りを合わせると腑に落ちるかもしれない）

問題 29

料理のしぐさに使われている、統計学の奥義とは？

　統計学は文明と同時に始まった、と言われている。そのせいか、家庭料理の世界でも、しっかりと統計学の考えが使われているのを知っているだろうか。①〜⑦の料理人のしぐさで、統計学の原理に通じるものを推定してほしい。

① 芋が蒸したかどうか、何カ所か串を刺して調べる
② 大根を輪切りにしてから千切りにする
③ 粉わさびを水で溶いてペースト状にする
④ おろし金でショウガをおろす
⑤ 味噌をおたまでよくかき混ぜてから、ちょっとすくって味見する
⑥ 大さじ、小さじを使ってレシピ通りに調味料を混入する
⑦ 調味料は「さしすせそ」の順で入れていく

解説 29

料理は、できあがる前に、その完成度を「推定」する必要がある。そのため料理人は自然と統計学の原理を使うことになる。

①は、芋が完全に蒸したかどうかを調べるために何カ所か刺す方法。これは、本来、全体を調べなければいけないところを、その一部を調べて全体の完成度を推定しようと試みる行為である。立派な統計学の手法である。

> 串がスムーズに刺されば、芋のその部分は蒸し上がっているのだ!!

②、③、④については統計学とは直接結びつかない。

⑤は、まさしく、ランダムサンプリングの精神である。味噌を湯の中でよくかき混ぜ、一様になったところで、ひとすくい（標本抽出＝サンプリング）して味見し、全体の様子を推定した。

⑥は、レシピ通りで変化がなく一定であり、統計学の入り込む余地がない。⑦は浸透圧や風味などの問題で、統計学とは直接結びつかない。

答 ①と⑤

問題 30

世論調査の結果は信頼できる？

　テレビ局や新聞社が世論調査を行なうときによく使う方法として、RDD法（乱数番号法）がある。これは電話帳に掲載されていない番号を含め、すべての固定電話番号の中から乱数を用いてランダムに電話番号を抽出して電話をかけ、応答した相手に質問を行なう方法だ。

　さて、実際にマスコミが世論調査などに RDD 法を使う場合、本当に「ランダムサンプリング」と言えるだろうか（無作為に意見を聴取できる方法かどうか）？　その理由も一緒に考えていただきたい。

解説 30

　RDD（Random Digit Dialing）法は短期間で安価に標本調査を実施できる長所があるので、各種の世論調査でよく使われている。乱数を利用して電話番号を選択するので、ランダムサンプリングと言えそうだ。

　しかし、これを実際に世論調査として使うとき、多くの問題点が生じる。標本調査（無作為抽出）は、抽出される対象がみんな同じ確率で選ばれなければならない。その観点から RDD 法の欠陥を挙げてみよう。

(1) ハード的に RDD に対応できない

　固定電話を持たない人（携帯電話ユーザー、低所得者、入院療養中の人、障害者、外国人）、在宅時間の短い人（独身者、日中仕事をしている人）などは決して少ない人数ではないのに、RDD による世論調査の対象から物理的な理由で外れてしまう。

(2) ソフト的に RDD に対応できない

　電話による調査を嫌う人、突然の質問に不快感を感じる人、急に質問されても答えようがない人、第三者に自分の考えを述べたがらない人、自分の好きな調査機関には答えるが嫌いな機関には答えない人（例えば、A 新聞には答えるが、B 新聞には答えない）など。

　他にも、無作為抽出を妨げる要因はあると思われる。したがって、RDD 法は統計本来の標本の抽出とは言いがたいだろう。

> **答** ランダムサンプリングとは言いがたい。したがって、正しい民意を反映できそうにない。

問題 31

ビッグデータと統計データの違いは何か？

一時期、「ビッグデータ」という言葉がブームになった。これは、従来の「統計的データ」と何が違うのだろう。「ビッグデータ」として正しいと思われるものを、①〜④から選んでほしい。

① 従来の「統計的データ」で、規模の大きなもの。例えば、国勢調査で収集したデータ
② 会社や研究所などで仕事をしていて、意図せず集まった大規模なデータ。ゴミデータ、欠損データも大量に含まれている可能性がある
③ パソコンで処理できないほどの大規模データ
④ 大きさの数値的な明確な判定基準はない。量的、質的に判断されるもの

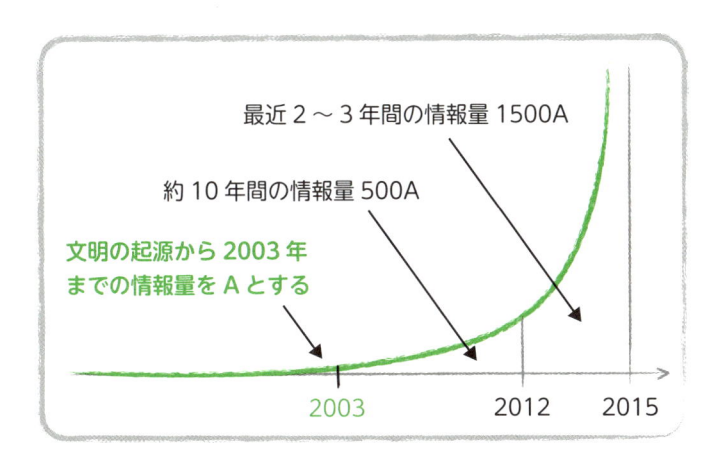

最近 2〜3 年間の情報量 1500A

約 10 年間の情報量 500A

文明の起源から 2003 年までの情報量を A とする

2003　　2012　　2015

解説 31

　ビッグデータとは、一言で言うと「事業に役立つ知見を導出するためのデータ」のことだ。クイズにあるグラフを見ても、人類が誕生してから 2003 年までに生み出した全情報量を 1 とした場合、その後たった 10 年間でその 500 倍、さらに 2 〜 3 年で 1500 倍を生み出している。ビッグデータの名にふさわしい情報爆発だ。

　では、ビッグデータと統計データとの一番大きな違いは何か。従来の統計データは、最初から「これを分析するぞ」と決めてデータを収集したのに対し、ビッグデータは日常の仕事を通じて「勝手に集まってきた日々のデータ」という点だ。

　例えば、次のようにキリがない。

- JR の乗車履歴、街中の防犯カメラ……センサーデータ
- コンビニでの POS データ……オペレーションデータ
- 購入履歴やブログの書き込み……ウェブサイトデータ
- 社内文書、電子メール……オフィスデータ
- 会員のデータ、DM データ……カスタマーデータ
- SNS のコメントなど……ソーシャルメディアデータ

　これらのデータを見るとわかるように、各所で集めただけに、様々なデータ形式が入り混じっている。しかも、例えばブログなどのように必ずしもコンピュータで処理しやすい形に整理されていない。利用する側からすれば、意味のないものも多く、厄介なデータの集まりである。

　したがって、このビッグデータの中から「価値ある知見」を見出すには、従来の統計手法とは異なる技術が必要とされる。こうして統計がまた一歩、進化していくのである。

答 ②と④

問題 32

本当にコインを振って出た目と、見せかけの出た目は見分けられる？

　ある学校で、「表と裏が同程度に出ると思われるコインを投げ、表が出たら緑丸を、裏が出たら白丸をマス目の中に書く」という宿題があった。先生は下の①〜④を見て、「宿題を真面目にやって来た人が１人しかいない」と言う。さて、どれがちゃんとコインを振った結果のものと考えたのだろう？

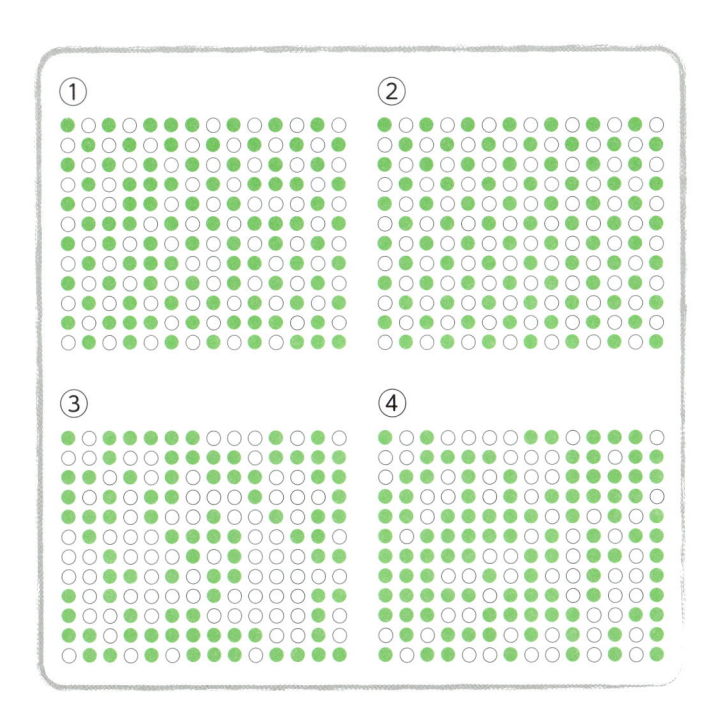

解説 32

　表と裏が同程度に出るコインでも、投げる回数が少ないうちは「揺らぎ」がある。しかし、多く振るほど、緑または白がほぼ1：1の割合で出てくる(**大数の法則**)。

　また、「コインの表裏の結果は、次の回に影響しない(試行の独立)」。つまり、緑や白がしばらく続くこともあれば、そうでないこともある。②のような超規則的なパターンや、①などは人間が作為的に作りやすいパターンだ。下図は1200回コインを投げてできたランダム模様で、これに近いものといえば③。

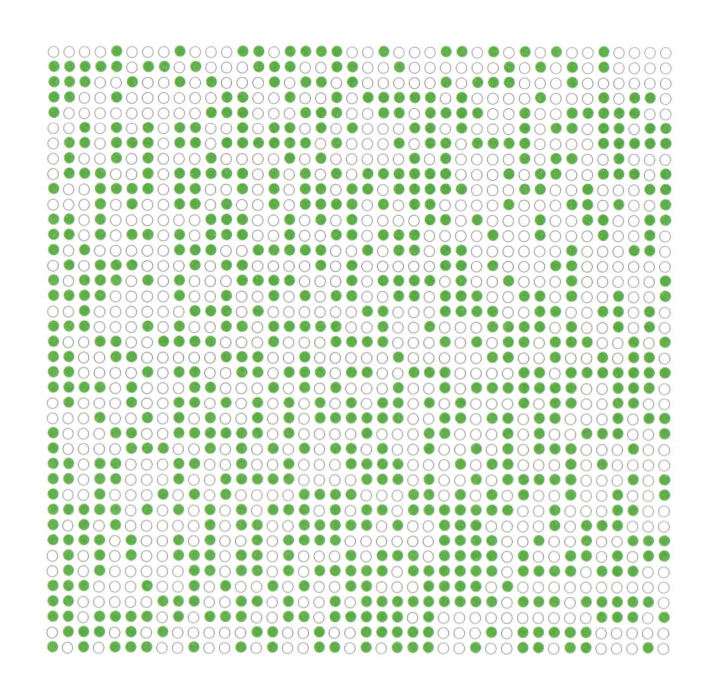

答 ③

問題 33

「友達の7割が持っているから買って」と言われたら、どうする？

　子供が親にねだるときには、「みんなが持っているから買ってほしい！」という理由が多い。では、「みんな」とはどのくらいなのか。例えば、「友達の7割が持っているから、携帯電話がほしい」と言ってきたら、どう判断したらよいだろう？

① 7割なら過半数をかなり超えているから仕方ないと判断し、買ってあげる
② 7割の算出根拠を聞いて判断する
③ 10割にはまだ差があるので、もう少し待たせる

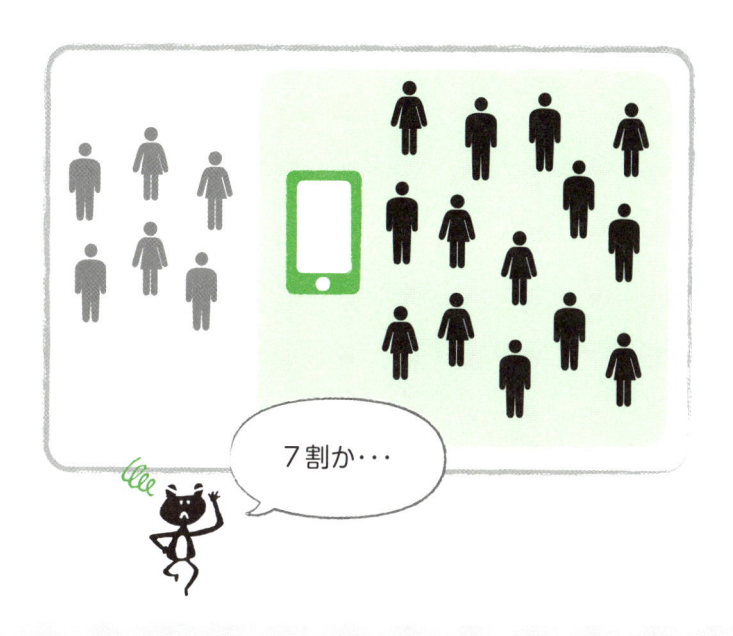

| 解 | 説 | 33 |

「友達の7割が携帯を持っている」というときには、次の3つくらいのケースが考えられる。
(イ) 100人の友達がいて、約70人前後が携帯を持っている
(ロ) 10人の友達がいて、約7人前後が携帯を持っている
(ハ) 友達が3人いて、2人が携帯を持っている。

2/3＝0.66666≒0.67＝67%≒**7割**

いずれの場合も子供の言い分に間違いはない。しかし、(ハ) の場合には、これをもって7割とするには無理がある。調査対象がたったの3人では偏っている可能性が高く、これから全体を見抜くには誤差が大き過ぎるからである。

このように、サンプル調査の場合には、結果だけ示されても判断に迷う。そこで、次のことに注意しなければいけない。

- 誰をどのように選んだのか
- どのくらいの人数を調べたのか
- どのような質問形式、内容なのか
- 集計結果の表示方法は適切か

逆に言えば、このような説明のない調査結果のみの統計資料は信じるな、ということでもある。よく言われることであるが、「統計は自分の主張を補強するために使われる」のである。

答 ②（調査実態を把握することが重要）

問題 34

天気予報の確率とコインの確率、原理と解釈は同じ？

コインの表が出る確率は 1/2 = 50％だが、天気予報でも「降水確率 50％」というのがある。これはコインの 50％と同じ意味と解釈してよいのだろうか？

① 原理も、解釈も同じ
② 原理は異なるが、解釈は同じ
③ 原理は同じだが、解釈は少し異なる
④ 原理も、解釈も全然違う

表の出る確率 50％ ＝？ 降水確率 50％

同じ解釈？

解説 34

　気象庁によると、「降水確率50％」の意味は予報が100回出されたとき、およそ50回は雨が降ること。となると、天気予報の確率も、コインの確率も「その解釈は同じ」である。

　実際の天気予報では、現在の大気の状況をもとに数値シミュレーション技術を用いてスーパーコンピュータで計算し、数分後の大気の状態を予測し、さらに、この予測をもとに数分後の大気を予測し、さらに……と繰り返すことによって明日、明後日……、一週間後の大気の状態を予測する。

　もちろん、その際、過去の気象データをもとにした統計的な処理も施される。となると、完全にランダムな世界を前提にしたコインの確率とは原理が異なると考えられる。言わば、宝くじ（すべて偶然）と競馬（経験や情報が影響）の違いみたいなものだ。

　なお、気象庁は過去に遡って予報の的中率（適中率）を発表している。これは、気象庁が出した予報に対して、後からその正否を集計したもので、最近では天気予報の的中率は85％前後になっていると言われている

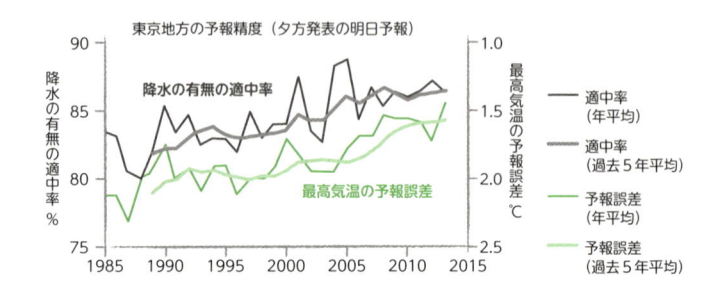

東京地方の予報精度（夕方発表の明日予報）

降水の有無の適中率

最高気温の予報誤差

適中率（年平均）
適中率（過去5年平均）
予報誤差（年平均）
予報誤差（過去5年平均）

答 ②（原理は異なるが、「50％」の解釈は同じ）

問題 35

新薬の判定では、なぜニセ薬を使うのか？

部長：今度開発された、我が社期待の新薬 X。これが本当に効くかどうかを判定したい。判定のために、新薬 X だけでなく、偽薬（プラセボ＝有効成分をまったく含まない薬）も使ってくれ。

社員：え？　なぜ効かない偽薬を使うのですか？　あ、そうか。新薬と偽薬の効き目の違いを比較するためですね？

部長：ちょっと違うなぁ、勉強が足りん！

　さて、部長が考える「偽薬を使う真意」とは何だろうか？　もちろん、統計に関係することなのは間違いない。

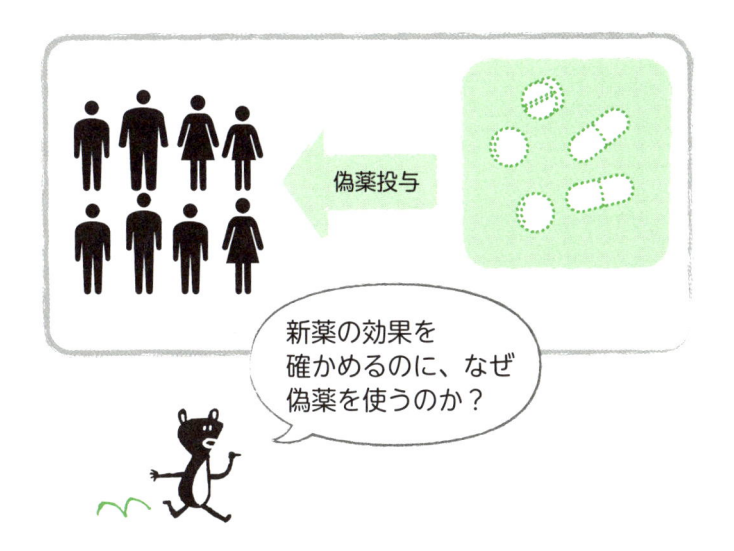

新薬の効果を確かめるのに、なぜ偽薬を使うのか？

解説 35

　人間は不思議なもので、本物と同じ色・形をした偽薬（プラセボ）を、「よく効く新薬です」と言われて服用すると、病気が改善してしまうことがある（**プラセボ効果**）。その理由は、「心理的効果」や「人に本来備わった自然治癒力」だと言われている。

　したがって、開発した新薬がホントに効能があるかどうかを判定する治験では、プラセボ効果を差し引くための工夫が必要になる。つまり、偽薬を飲ませるグループと、新薬を飲ませるグループをランダムに作り、それぞれのグループの患者からデータをとって比較し、「新薬の効果－プラセボ効果」を調べる必要がある（**ランダム化比較対照実験**）。

　時には、患者に対してだけでなく、医者と患者の双方に本物か偽物かを知らせないまま薬の効果を判定することもある（**二重盲検法**）。

　プラセボ効果は30％前後あると言われ、これを上回る効き目がないと本当に効く薬とは言えない。見方を変えれば、本物の薬でも効果の30％はプラセボ効果ということになる。

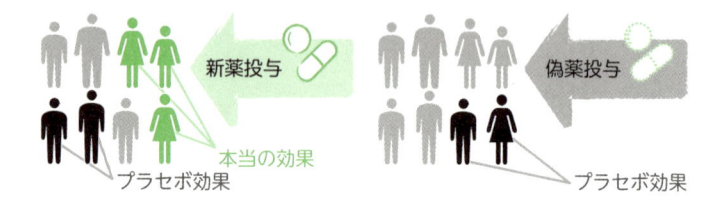

答　「薬」というだけで効き目が生じる効果を、新薬の効果から差し引くため

問題 36

「カリスマ医者にかかると病気の治癒率が高まる」ってホント？

「名医に診てもらっている」というだけで、病気が治ってしまうことがあると言う。はたして、本当だろうか？

① ホント
② ウソ

> 僕が必ず治してみせる。任せておきなさい。

| 解説 | 36 |

　問題 35 のプラセボ効果と似ているものに、「**ホーソン効果**」がある。これは、アメリカのホーソン工場で、労働者の作業効率の向上を目指すための調査で発見された現象である。つまり、「周辺の人々や上司が労働者への関心を高めると、労働者はそれに応えようとする」現象で、施設などのハード的な要因以上に効果のあることが判明したのである。

　医療の世界でのホーソン効果として、次のことが言われている。

　まず、患者が信頼する医者から「期待されている」と感じることで行動に変化が現れ、結果的に病気がよくなるという現象である。

　人は自分に関心を持つ人、あるいは期待する人に応えようとする傾向がある。そのため、信頼している医師の期待に応えるため、患者が症状を告げなかったり、症状の改善があったかのような態度を意識的や無意識的にとることがある。

　このように、統計上、症状が改善されたように見える現象を、特に統計上のホーソン効果と呼んでいる。プラセボ効果の一部として扱われることがある。

答　① （ホーソン効果）

日常から統計現象を見抜く

中級編

★★★

初級編と同じく、日々の生活で経験する身近な統計現象に着目してクイズを出題しました。

　「難病検査で陽性反応が出た」「夫の行動に不審を抱いた」……などのデリケートなシチュエーションにおける統計センスが問われる問題もあるので、初級編とは違って直感だけでは即答しにくかったり、直感とは逆の答えになったりして、少し戸惑うかもしれません。

　しかし、これも統計アタマを作る体操の1つと割り切って、まずは自分なりの答えを見出してください。

　間違っていても、決して落胆する必要はありません。
　数学の天才、ダランベール（18世紀のフランスの数学者）でさえ、「2枚の硬貨を投げて、2枚とも表である確率は1/3である」という間違った判断をしてしまいました（正解は1/4）。

　それほど、統計現象を見抜くことは難しいのです。統計クイズを通して、その落とし穴に敏感になれば、中級編は合格です。

問題 37

人間の心理を利用した「リンダ問題」とは？

　リンダは 31 歳独身で、意見を率直に言い、また非常に聡明である。学生時代には哲学を専攻し、差別や社会正義の問題に深く関心を持ち、反核デモにも参加していた。そのリンダについて、もっともありそうな選択肢は①と②のどちらだろう？

① リンダは銀行の出納係である
② リンダは銀行の出納係であり、有能かつフェミニスト運動の活動家でもあり、美人である

> 31 歳、独身、聡明、差別問題に関心…彼女はやり手だな !!

解説 37

　これは、「**リンダ問題**」と呼ばれる有名なクイズだ。リンダの性格や学生時代の行動について詳細な記述をすると、回答者はリンダについて、シンプルな①の選択肢よりも、より詳しく記述された②を選ぶことが多い。残念ながら、選択肢②は間違いである。問題文には、どこにもフェミニストだ、美人だという記述は書いていない（そもそもリンダ＝女性とは限らない）。

　これは「代表性ヒューリスティク」という人間のクセ（ヒューリスティク）を突いたものだ。どういうクセか？

　①の「リンダは出納係である」は、②の「リンダは銀行の出納係であり、フェミニスト運動の活動家である」が含む緩い条件である。つまり、確率的には①のほうが起こりやすく、②のほうが起こりにくい。それなのに、提示されたデータが詳細であればあるほど、人間は確率の低い②を選ぼうとする。つまり、起こりにくいものを選ぶクセがある。

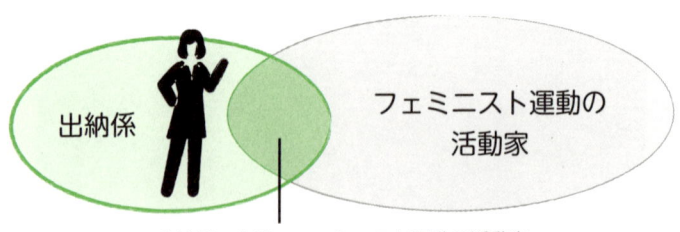

出納係であり、フェミニスト運動の活動家

　人間は、選択肢の中により多くのデータが含まれていれば、それだけで「よいもの」と感じる傾向がある。この種の心理を利用した巧みな調査もあるので、注意しなければならない。

答 ①

問題 38

同じデータなのに、なぜ最頻値が違ってくるのか？

同じデータを2人の部下A、Bに集計させたところ、2人の集計結果において最頻値（モード）が異なっていた。最頻値とは、読んで字のごとく「データの中で一番頻出する度数」のこと。同じデータからは、同じ最頻値しか出て来ないはずではないか。

どちらが間違っているのか、あるいは両方とも間違っているのか。2人とも計算ミスはないものと考えると、事の真相はどこにあるのだろうか？

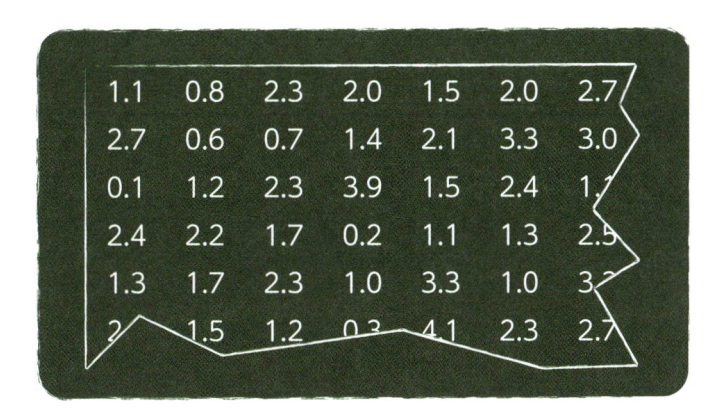

1.1	0.8	2.3	2.0	1.5	2.0	2.7
2.7	0.6	0.7	1.4	2.1	3.3	3.0
0.1	1.2	2.3	3.9	1.5	2.4	1.7
2.4	2.2	1.7	0.2	1.1	1.3	2.5
1.3	1.7	2.3	1.0	3.3	1.0	3.2
2.	1.5	1.2	0.3	4.1	2.3	2.7

最頻値は1.5だ

最頻値は2.0よ

091

解説 38

　論より証拠。「算出方法によっては最頻値の値が異なることもある」という例を挙げることができれば決着がつく。いま、苗の発芽後1週間の高さを調べた352個のデータがある。最頻値を調べるために「**階級幅**」を2、6、10の3つの場合に分けると、階級幅の取り方によって最頻値は変わってしまうことがわかる。

(1) 階級幅2　……最頻値3

階級	階級値	度数
0〜2	1	30
2〜4	3	50
4〜6	5	35
6〜8	7	30
8〜10	9	25
10〜12	11	20
12〜14	13	40
14〜16	15	45
16〜18	17	35
18〜20	19	10
20〜22	21	15
22〜24	23	10
24〜26	25	5
26〜28	27	1
28〜30	29	1

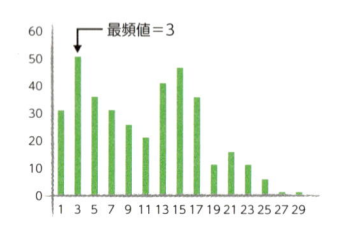

(2) 階級幅6　……最頻値15

階級	階級値	度数
0〜6	3	115
6〜12	9	75
12〜18	15	120
18〜24	21	35
24〜30	27	7

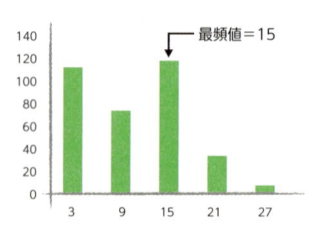

(3) 階級幅10　……最頻値5

階級	階級値	度数
0〜10	5	170
10〜20	15	150
20〜30	25	32

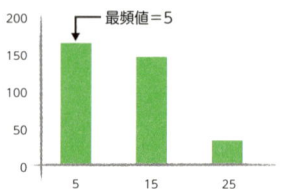

> **答** 最頻値は、まとめるデータの幅(階級幅)によって変わる

問題 39

酔っ払いのランダムウォーク、その行き着く先はどこになる？

　酔っぱらいが数直線上をふらついている。最初は原点にいたが、そこから確率 0.5 で右へ、確率 0.5 で左へと、一歩ずつ移動している。移動後は、そこからまた同じ条件で右または左へ一歩移動する。このことを 5 回繰り返した後、酔っぱらいはどこに到達することが多いだろう？　①〜③の度数分布のグラフから選んでほしい。

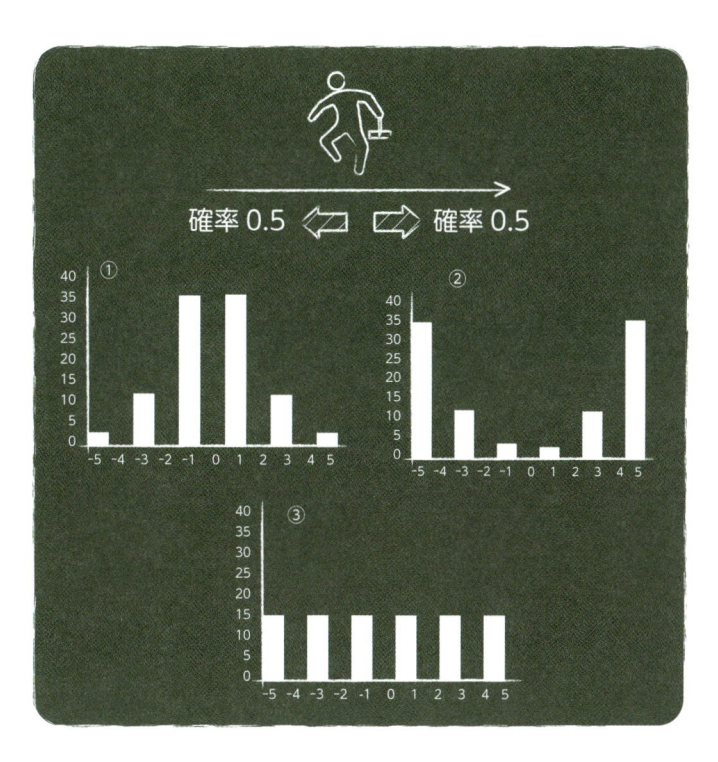

解説 39

　実際に酔っ払いが5歩進んだ後、どこに到達するかをコンピュータでシミュレーションしてみた。0以上1未満の乱数を発生させ、0.5未満であれば左へ一歩、つまり−1とみなし、0.5以上であれば右へ一歩、つまり+1と見なすのである。5回、乱数を発生させて得られる+1と−1の5個の和を求めれば、その値が酔っ払いの到達点の座標になる。このことを100回ぐらい繰り返せば到達点の度数分布が見えてくる（右図）。

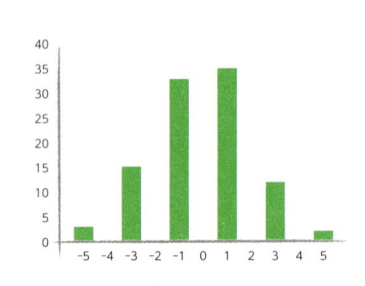

<参考>数学を使った計算

　原点から出発して**ランダムウォーク**を5回繰り返したとき、行き着く先の座標は{−5, −3, −1, 1, 3, 5}の6通りである。その確率は、

（1）5に辿り着く確率

　5歩中5歩とも右へ進むことになるので ${}_5C_5(0.5)^5$

（2）3に辿り着く確率

　5歩中4歩は右へ、1歩は左へ進むことになるので ${}_5C_4(0.5)^5$

　同様にして

（3）1に辿り着く確率は ${}_5C_3(0.5)^5$

（4）−1に辿り着く確率は ${}_5C_2(0.5)^5$

（5）−3に辿り着く確率は ${}_5C_1(0.5)^5$

（6）−5に辿り着く確率は ${}_5C_0(0.5)^5$

座標	確率
5	0.031
3	0.156
1	0.313
-1	0.313
-3	0.156
-5	0.031

（注）${}_nC_r$ は異なる n 個のものから r 個選ぶ選び出し方の総数である。

答 ①（結局、最初と変わらず原点近くにいる確率が高い）

問題 40

1、2、3と書かれた3枚のカード。
2枚取った平均値の分布は？

　1、2、3と書かれた3種のカードが1枚ずつあり、まず1枚引く。次にそのカードをもとに戻し、もう1回引く（復元抽出）。こうして2枚の平均値を算出する。例えば、1と1であればその平均値は（1＋1）÷2＝1だ。2と3であれば（2＋3）÷2＝2.5となる。

　このように2枚の平均値は色々な値をとるが、それらの値をとる度数分布（または確率分布）はどうなっているだろう？　それを表すグラフとして、適切なものを下図から選んでみよう。

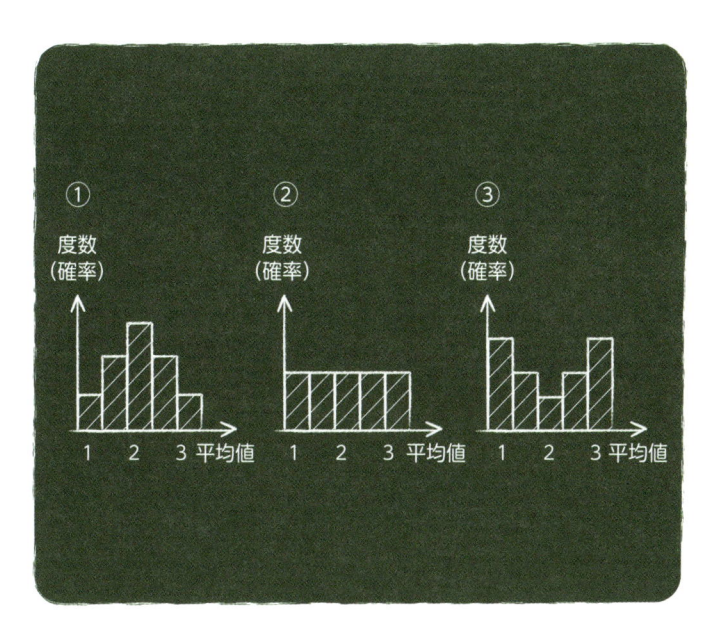

解説 40

復元抽出の場合、3×3＝9通り（左表）の取り出し方があり、それぞれは同じ確率だ。だから平均値は下表の確率分布を持つ。

	（1枚目の抽出、2枚目の抽出）	標本平均 $\overline{X}$ の値
①	(1、1)	$\overline{X} = \frac{1+1}{2} = \frac{2}{2}$
②	(1、2)	$\overline{X} = \frac{1+2}{2} = \frac{3}{2}$
③	(1、3)	$\overline{X} = \frac{1+3}{2} = \frac{4}{2}$
④	(2、1)	$\overline{X} = \frac{2+1}{2} = \frac{3}{2}$
⑤	(2、2)	$\overline{X} = \frac{2+2}{2} = \frac{4}{2}$
⑥	(2、3)	$\overline{X} = \frac{2+3}{2} = \frac{5}{2}$
⑦	(3、1)	$\overline{X} = \frac{3+1}{2} = \frac{4}{2}$
⑧	(3、2)	$\overline{X} = \frac{3+2}{2} = \frac{5}{2}$
⑨	(3、3)	$\overline{X} = \frac{3+3}{2} = \frac{6}{2}$

$\overline{X}$ の値	$\frac{2}{2}$	$\frac{3}{2}$	$\frac{4}{2}$	$\frac{5}{2}$	$\frac{6}{2}$	合計
$\overline{X}$ の度数	1	2	3	2	1	9
$\overline{X}$ の確率	$\frac{1}{9}$	$\frac{2}{9}$	$\frac{3}{9}$	$\frac{2}{9}$	$\frac{1}{9}$	1

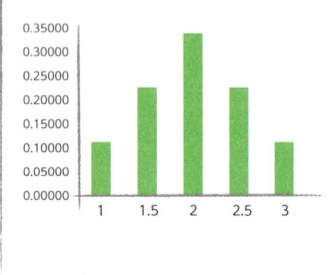

ホントのことを言うと、上記のような計算はしなくてよい。**中心極限定理**（付録5）という方法を使えば答えがすぐわかる。これは、「母集団から取り出された標本の標本平均値の分布は、母集団がどんな分布でもほぼ正規分布（山型で左右対称）になるというものだ。「平均値はもとの分布の平均値と同じで、分散はもとの分散を標本の大きさで割ったものに等しい」という定理である。

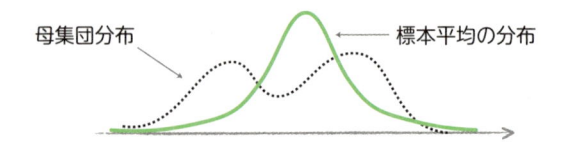

答 ①（山型の「正規分布」になる）

問題 41

米粒を使って円周率πを求める方法とは？

複雑な図形の面積や体積など、通常の計算では解決が困難なときに、乱数を用いた計算が有効なことがある。それが**モンテカルロ法**と呼ばれるものである。では、米粒を使って円周率πを求める方法を考えてもらいたい。ヒントは、正方形と円を使う。円は正方形に内接する…というぐらいにしておこう。

> そもそも、米粒を投げて円周率π = 3.14が求まるのかね？

解説 41

　米粒で円周率 π を求める方法を簡単に紹介しよう。右下図において次の関係が成立する。

　正方形の面積：円の面積 $\fallingdotseq m : n$

よって

　$4 : \pi \fallingdotseq m : n$

よって

　$m\pi \fallingdotseq 4n$

ゆえに

　$\pi \fallingdotseq \dfrac{4n}{m}$

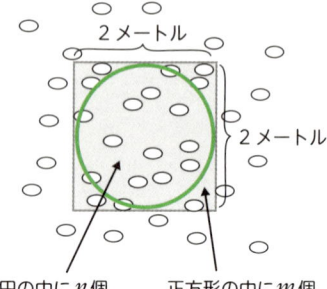

　この m、n に実際の米粒の個数を入れれば円周率 π の近似値が求められる。実際には大変な実験なので、ここでは Excel を用いてシミュレートした結果を紹介しておこう。下図は、エクセルの乱数を使って、正方形の中に 1000 個の点をデタラメに落とし、円周率 π の近似値（ここでは 3.13 となった）を求めた例である。

　このように、乱数を用いて計算する方法は、賭事で有名な都市「モンテカルロ」にちなんでモンテカルロ法と呼ばれている。デタラメも結構役立つことがわかる。

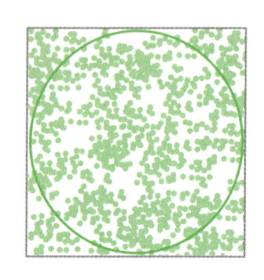

答 正方形に内接する円を描き、そこに米粒を落としていく。
正方形全体と、円内の米粒の比を求めると、円周率がわかる

| 問 | 題 | 42 |

女の子ができるまで子供を産みたい(最大3人まで)。男女の産まれる数はどうなるか?

　Aさん夫婦は、女の子がほしくてしょうがない。「女の子が1人でも産まれたら、それ以上はもう子供を作らない。ただし、子供は3人まで」という出産計画を実施することにした。
　この場合、女の子と男の子の数はどうなるだろう？　次の①～③から適当なものを選んでほしい。

① 女の子が男の子より多くなる確率が高い
② 男の子が女の子より多くなる確率が高い
③ 女の子、男の子の数は変わらない

③はないな。
案外、②だったりして。

解説 42

　男の子が産まれるか、女の子が産まれるかは、神のみぞ知るところである。しかし、作ることをやめることはできるだろう。

　さて、計画通りに子供を出産していく場合、子供の人数の期待値 S をまず求めてみよう。ただし、女の子の産まれる確率を 0.5 とする。

　子供が 1 人の確率は「女」が最初に産まれたときの $\frac{1}{2}$、

　子供が 2 人の確率は「男、女」の順に産まれたときの $\left(\frac{1}{2}\right)^2$、

　子供が 3 人の確率は「男、男、女」の順に産まれたときの $\left(\frac{1}{2}\right)^3$ と、「男、男、男」の順に産まれたときの $\left(\frac{1}{2}\right)^3$ を足したものである。

　したがって、子供の人数の期待値 S は

$$S = 1 \times \frac{1}{2} + 2 \times \left(\frac{1}{2}\right)^2 + 3 \times \left(\left(\frac{1}{2}\right)^3 + \left(\frac{1}{2}\right)^3\right) = \frac{14}{8}$$

となる。また、女の子の人数の期待値 G は S と同様に考えて、

$$G = 1 \times \frac{1}{2} + 1 \times \left(\frac{1}{2}\right)^2 + 1 \times \left(\frac{1}{2}\right)^3 = \frac{7}{8}$$

となる。したがって、子供全体に占める女子の割合は、

$$\frac{G}{S} = \frac{7}{14} = \frac{1}{2}$$

となり、不思議なことに男女比は同じである。

　いま、女の子の産まれる確率を 0.5 として考えたが、女の子の産まれる確率を p として調べてみよう。すると、男子が産まれる確率は $1 - p$ である。

子供が 1 人の確率は最初に「女」が産まれたときの p、子供が 2 人の確率は「男、女」の順で産まれたときの $(1-p)p$、子供が 3 人の確率は「男、男、女」と産まれたときの $(1-p)^2 p$ と、「男、男、男」と産まれたときの $(1-p)^3$ を加えた確率となる。

したがって、男女合わせた子供の人数の期待値 S は次のようになる。

$$S = 1 \times p + 2 \times (1-p)p + 3 \times ((1-p)^2 p + (1-p)^3) = p^2 - 3p + 3$$

また、女の子の人数の期待値 G も、S と同様に次のようになる。

$$G = 1 \times p + 1 \times (1-p)p + 1 \times (1-p)^2 p = p(p^2 - 3p + 3)$$

したがって、子供全体に占める女子の割合は、

$$\frac{G}{S} = \frac{p(p^2 - 3p + 3)}{p^2 - 3p + 3} = p$$

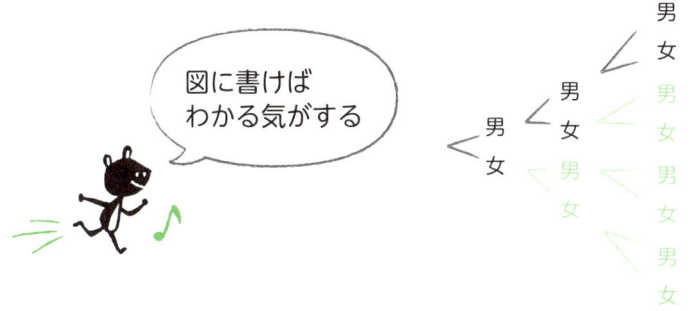

> 図に書けばわかる気がする

やはり p になった。

つまり、今回のような出産計画があっても、女の子の全体に占める比率は、女の子の産まれる確率 p と変わらないのだ。

答 意外にも③

<参考> n 人まで産み続けたら

前問の内容を少し変更して、「女の子ができるまで産み続ける。女の子が産まれたらもう子供を作らない」ことにする。「ただし、3人までではなく、子供は n 人までとし、女の子の産まれる確率を p とする」という条件で考える。

考え方は、クイズの解答とまったく同じである。つまり、産まれてくる子供の人数の期待値 S、女の子の人数の期待値 G はそれぞれ次のようになる。ただし、$q = 1 - p$ とする。

$$S = 1 \times p + 2 \times qp + 3 \times q^2 p + \cdots\cdots + n \times (q^{n-1}p + q^n)$$
$$= 1 + q + q^2 + \cdots\cdots + q^{n-1}$$
$$G = 1 \times p + 1 \times qp + 1 \times q^2 p + \cdots\cdots + 1 \times q^{n-1}p$$
$$= p(1 + q + q^2 + \cdots\cdots + q^{n-1})$$

したがって、$\dfrac{G}{S} = p$ となり、**子供の数 n に関係なく**、女の子の全体に占める比率は、女の子の産まれる確率 p と変わらない。

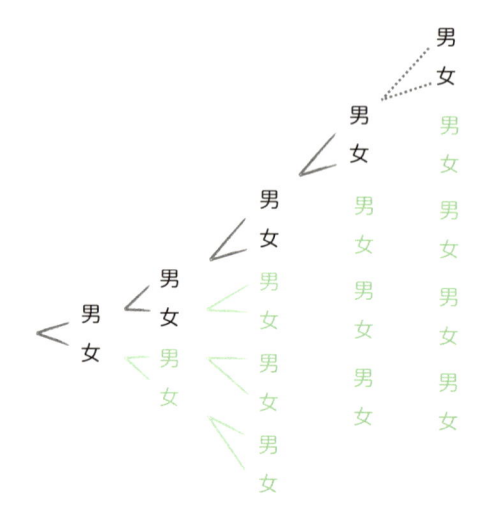

問題 43

4人分の手紙と封筒、全部入れ間違える確率は？

　達筆なSさんは、4人分のラブレターを代筆した。しかし、確認しないで封をしたので、中身と封筒の宛名が間違っている可能性がある。このとき、手紙と封筒の宛名がすべて違う確率はどのくらいだろうか？

① 1/2より大きい
② 1/2より小さい

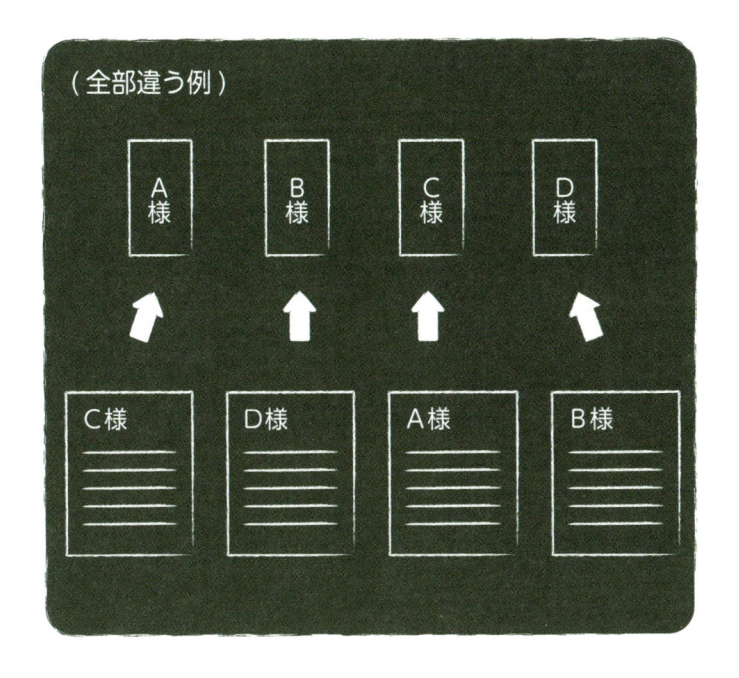

(全部違う例)

解説 43

　この手紙と封筒の問題は「4つの数1、2、3、4を、デタラメに横一列の席①②③④に並べたとき、1が①でなく、2が②でなく、3が③でなく、4が④でない問題」と言い換えることができる（**完全順列**と言う）。

　そこで、4つの数1、2、3、4の完全順列の数を書き出してみよう。まず、①に2が入る場合を2つに分けて調べてみる。

(イ) ②に1が入る場合

①	②	③	④
2	1	4	3

1通り

(ロ) ②に1が入らない場合

①	②	③	④
2	4	1	3
2	3	4	1

2通り

　すると、①に2が入る場合は 1 + 2 = 3 通りある。

　①に3、4が入る場合も2と同様に 1 + 2 = 3 通りだから、全部で (4 − 1) × (1 + 2) = 3 × 3 = 9 通りとなる。

　ここで、4つの数を横一列に並べる並べ方は 4 × 3 × 2 × 1 = 24 通りだから、求める確率は 9/24 = 3/8 = 0.375。

　ところで、4通ではなく n 通の場合は、同じく 3/8 となるだろうか。上記の（イ）は3、4の2つの数の完全順列、（ロ）は2、3、4の3つの数の完全順列において2を1と読み替えたものと考えられる。ここで、n 個の数の完全順列の数を x_n と書くと、

$x_n = (n − 1)(x_{n-2} + x_{n-1})$ 　　$n = 3、4、\cdots$

　この式を用いると $x_1 = 0$、$x_2 = 1$ より x_n が次々と求められ、n 個の数の完全順列の確率 $x_n ÷ \{n × (n − 1) × \cdots × 3 × 2 × 1\}$ が算出できる。これは n を大きくしていくと $1/e$ に近づくことが知られている。この e は**ネイピア数**（2.71828……）である。

答 ②

問題 44

「お米を食べるとガンになる」というデータは本当か？

日本のガン患者を調べたら、100人中90人が毎日お米を食べていたとする。すると、ガンにならないためには「お米を食べない」ことがよい選択に思える。一方で、周囲の健康な人もお米を毎日食べていることが多く、彼らがガンになったという話はあまり聞かない。①〜③のどの考えが正しいのだろう？

① ガン患者の90％がお米を食べていたから、お米は危険
② ガン患者でない人がお米を食べていた割合が不明なので、お米が危険かどうかは判定できない
③ お米はエネルギーのもとで危険ではない

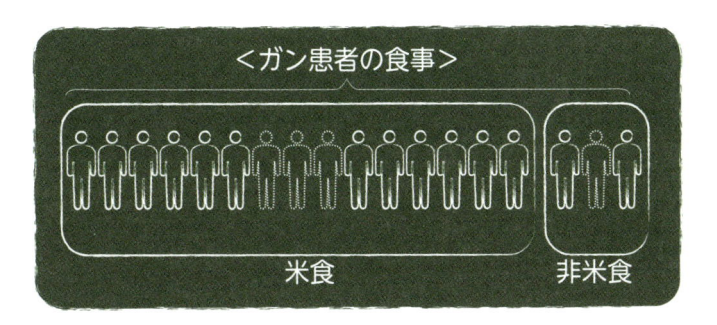

＜ガン患者の食事＞

米食　　　非米食

ガン患者に米食が多いなぁ〜

解説 44

データに偽りがないとしても、何だかおかしい。そこで、ガン患者でない人の食事を調べてみたら、次のようになった。

<ガンでない人の食事>

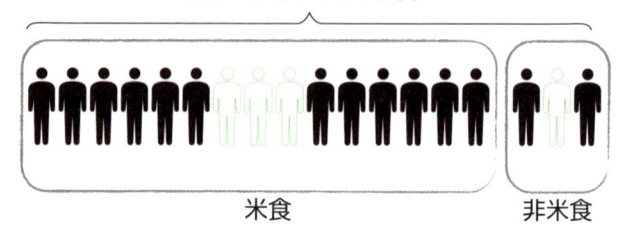

米食　　非米食

やはり、多くの人が米食であることがわかる。つまり、ガンになる人も、ガンにならない人も多くが米食である。となると、「お米がガンの原因」とは言い難くなってしまう。

そこで、日本人全体を「ガン／ガンでない」と「米食／非米食」で分類した図（面積が人数を表す）で見てみることにする。その図が例えば次のようであれば、どう判断するだろうか。ガンの人も、ガンでない人も、米食と非米食の割合は同等である。したがって、米食がガンの原因とは認めがたいことがわかる。

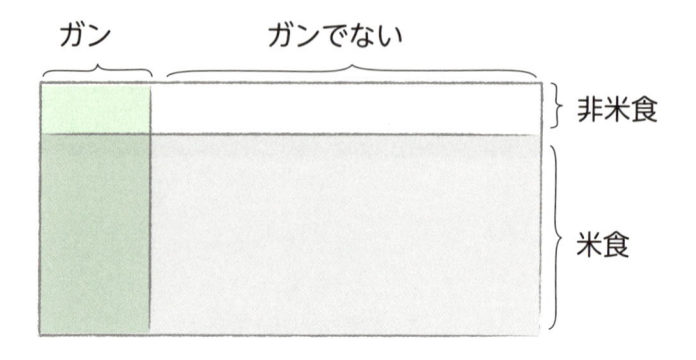

ガン　ガンでない

非米食

米食

しかし、もし、分類した図が次のようになったらどうだろうか。

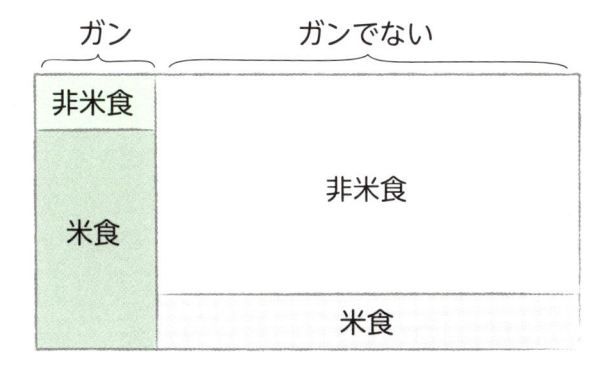

ガン	ガンでない
非米食	
	非米食
米食	
	米食

この図からは、米食がガンの原因かもしれないという疑いが生じてしまう。つまり、全体を見て判断しないと、偏見に陥る可能性が高まるということだ。注意しなければならない。

世の中には、これと似たような落とし穴はいっぱいある。

- 不登校の生徒を調べたら、100人中60人がテレビゲーム好きだった。したがって、テレビゲームは不登校の原因である。
- 虫歯の人を調べたら、100人中73人がチョコレート好きだった。したがって、チョコレートは虫歯の原因である。
- アメリカでは犯罪者の98％はパンを食べている。だから、パンを食べると犯罪者になる。

> 不登校でない人、虫歯ではない人、犯罪者でない人を調べたか？

＜参考＞対照実験

「お米がガンの原因かどうか」を実験で調べてみるには、どうすればいいだろうか。次の2つの実験を行なう。

①ガンに対してお米の影響を明らかにする実験（本実験）
②お米以外は本実験と同じ条件で行なう実験

後者のことを「**対照実験**」と言う。本実験と対照実験の結果を比較検討することによって、お米のガンに対する影響を明らかにする。

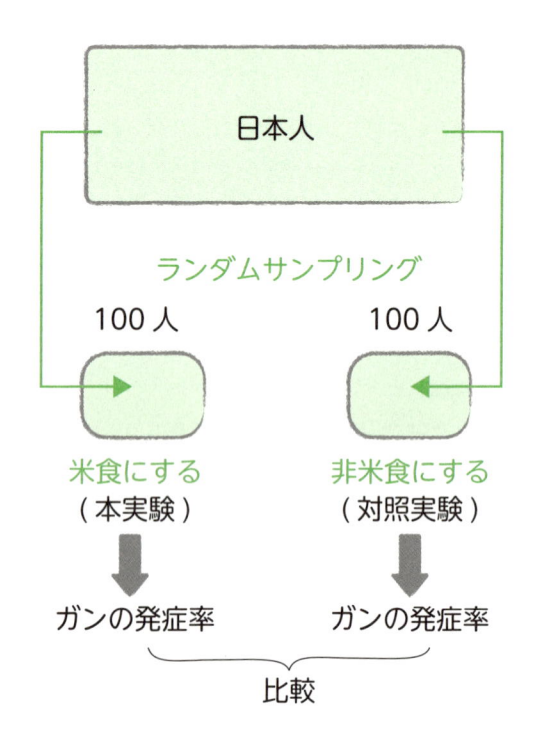

```
                    日本人
                ランダムサンプリング
         100人                    100人
          →                        ←
        米食にする              非米食にする
       （本実験）               （対照実験）
          ↓                        ↓
      ガンの発症率            ガンの発症率
                    比較
```

答 ②（現在の結果だけでは不十分。対照実験が必要）

問題 45

くじ引きは、引く順番が早い者ほど当たりやすい？

　プロ野球のドラフト会議を見ていると、くじ運の善し悪しを感じる。そもそも、先に希望選手の「当たりくじ」（交渉権）を引かれたら、あとは「ハズレ」しかない。だから、くじは先に引くに限る。しかし、「残り物に福がある」とも言う。
　そこで問題。くじの引く順によって、当たる確率は変わるのだろうか？

① 変わる（先に引くほうがよい）
② 変わる（後に引くほうがよい）
③ 変わらない

①②が当たり、③④⑤がハズレだとさ

先に当たりが出たら、がっかりだわ

| 解説 | 45 |

具体例で考えよう。袋の中に①〜⑤の番号が書かれた5つの玉が入っている。ここから、ランダムに1個取り出す。もしそれが①②の玉であれば「当たり」、③〜⑤の玉であれば「ハズレ」とする。

最初に太郎が玉を取り出し、玉を戻さないで、次に花子が玉を取り出す順番とする。このとき、太郎と花子の当たる確率はどう違ってくるか。それを考えてみよう。

（1）1番目に太郎が当たる確率

5個中2個の当たりくじだから 2/5（カンタン！）

（2）2番目に花子が当たる確率

5個の玉から1回目、2回目と順々に取り出すのだから玉の取り出し方は下表の20通りである。（ ）内の左側の数は1回目に太郎が取り出した玉、右側の数は2回目に花子が取り出した玉の番号である。花子が当たるのは右側の数が①か②の場合だから8通り。よって、花子が当たる確率は 8/20 = 2/5

（1）（2）より2人の確率は等しいことがわかる。

太＼花	①	②	③	④	⑤
①		(①、②)	(①、③)	(①、④)	(①、⑤)
②	(②、①)		(②、③)	(②、④)	(②、⑤)
③	(③、①)	(③、②)		(③、④)	(③、⑤)
④	(④、①)	(④、②)	(④、③)		(④、⑤)
⑤	(⑤、①)	(⑤、②)	(⑤、③)	(⑤、④)	

答 ③（引く順番は当たりハズレに関係ない）

問題 46

くじを「戻す」「戻さない」で確率は変わるか？

袋の中に、4個の白玉と3個の赤玉の合計7個の玉が入っている。次の（イ）と（ロ）の方法で、無作為に3個の玉を取り出す。
（イ）袋から3個の玉を同時に抽出する（非復元抽出）
（ロ）1個を取り出しては戻し、また1個を取り出しては戻す、ということを繰り返して3個の玉を取り出す（復元抽出）

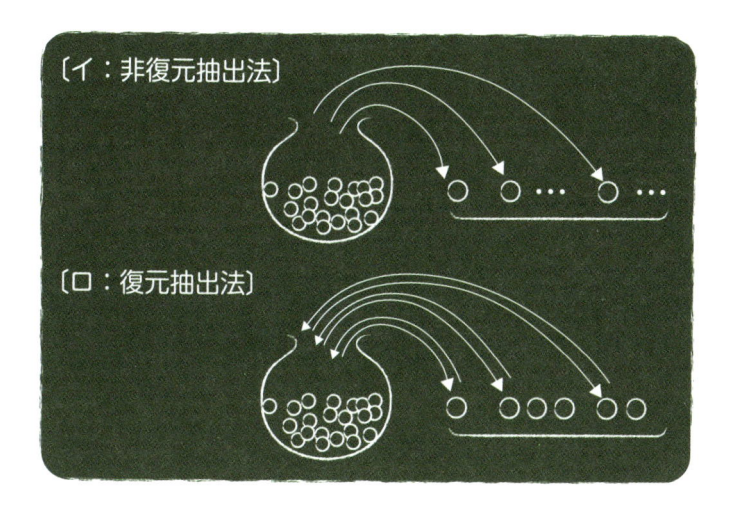

〔イ：非復元抽出法〕

〔ロ：復元抽出法〕

では、「3つとも白玉」である確率は（イ）と（ロ）で変わるか。

① 確率は変わり、（イ）の確率が高くなる
② 確率は変わり、（ロ）の確率が高くなる
③ 確率は変わらない

解説 46

(イ) の場合、袋の中の7個の玉を3つ同時に選ぶパターンは、

$$_7C_3 = \frac{7 \times 6 \times 5}{3 \times 2 \times 1} = 35 \text{ 通り}$$

袋の中の4個の白玉から3個の白玉を選ぶパターンは、

$$_4C_3 = \frac{4 \times 3 \times 2}{3 \times 2 \times 1} = 4 \text{ 通り}$$

よって、求める確率は、

$$\frac{_4C_3}{_7C_3} = \frac{4}{35} = 0.114\cdots \quad \text{(注) Cは組み合わせの総数の記号}$$

(ロ) の場合、1回目が白玉、2回目が白玉、3回目が白玉である確率は、各回が他の回に影響しないと考えると、

$$\frac{4}{7} \times \frac{4}{7} \times \frac{4}{7} = \frac{64}{343} = 0.186\cdots$$

よって、復元抽出と非復元抽出では「答えが違う」とわかる。

なお、玉の数が少ないうちは明らかに、「(イ) < (ロ)」だが、袋の中の玉がたくさん入っていればいるほど、(イ) の確率は (ロ) に近づき、十分に多くなれば、復元抽出でも非復元抽出でも「(イ) ≒ (ロ)」となり、確率はほぼ同じとなる。

答 ②

問題 47

「200mlのペットボトル」の中身が ピッタリ200mlの確率は？

下図は 200mlのペットボトルに注入された内容量の分布である。200mlといっても、ほんの少し多かったり、少なかったりするのが現実。

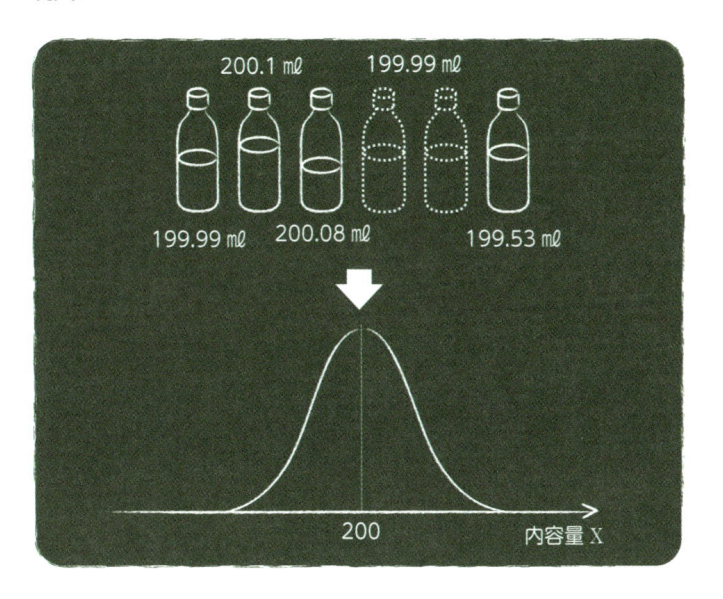

では、このペットボトルにちょうど 200ml入っている確率はどのぐらいだろうか

① 確率はグラフのように一番大きく、0.5 ぐらい
② 確率は 0 でない何らかの値（大きくはない）
② 確率は 0

解説 47

これまでの問題とこのクイズでは、少し違うので注意が必要だ。例えば2枚のコインを投げたとき、表が出る枚数は0枚、1枚、2枚のいずれかだ。それぞれの確率（確率分布表）は次のようになる。

Xのとる値 x	0	1	2	合計
確率 P(X=x)	$\frac{1}{4}$	$\frac{2}{4}$	$\frac{1}{4}$	1

ところが、このクイズでは200mlペットボトルの実際の内容量をXとすると、Xは連続的で色々な値をとるので、その確率を表では表せない。そこで、下図のような面積「1」（曲線とx軸とで囲まれる面積）の連続曲線を使って、「Xの確率」を表現することになる。a ≦ X ≦ b である確率は、下図の面積となる。

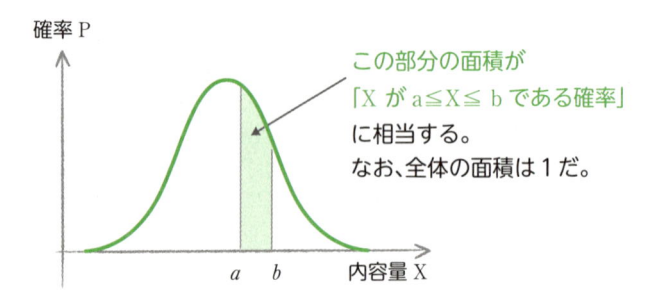

この部分の面積が
「X が a≦X≦ b である確率」
に相当する。
なお、全体の面積は1だ。

Xが195ml〜200mlのような範囲であればよいが、200mlのように1つの値をとる確率は0だ。よって、ペットボトルの内容量がピッタリ200mlというようなことはあり得ない。

答 ③（範囲ではなく、1つの値をとる確率は0）

問題 48

内閣支持率の推定は、標本を大きくするとどう変わる？

「内閣の支持率は47％」のように、たった1つの値で推定するのが「**点推定**」。それに対し、「信頼度95％で内閣の支持率は45〜51％の間である」のように、区間で推定するのが「**区間推定**」。区間推定は推定の正しさの度合い（**信頼度**）もわかるので安心だ。

では、全体から取り出す標本のサイズ（サンプル数）を大きくしたら、区間推定において何が変わるのだろう？

① 信頼度が高くなる（例えば95％→99％）
② 信頼度が低くなる（例えば95％→80％）
③ 推定幅が狭くなる（例えば45〜51％→47〜48％）
④ 推定幅が広くなる（例えば45〜51％→40〜60％）

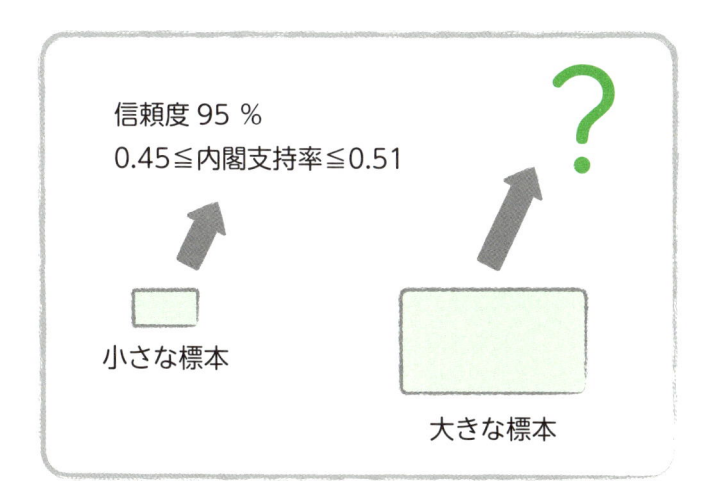

信頼度95％
0.45≦内閣支持率≦0.51

小さな標本

大きな標本

解説 48

　統計学の「比率の推定」という考え方を用いると、標本から算出された比率（標本比率 $= r$）と、実際の比率（母比率 $= R$）について次のことが言える。ここで、n は標本の大きさである。

(1) 信頼度95%で　$r - 1.96\sqrt{\dfrac{r(1-r)}{n}} \leqq R \leqq r + 1.96\sqrt{\dfrac{r(1-r)}{n}}$

(2) 信頼度99%で　$r - 2.58\sqrt{\dfrac{r(1-r)}{n}} \leqq R \leqq r + 2.58\sqrt{\dfrac{r(1-r)}{n}}$

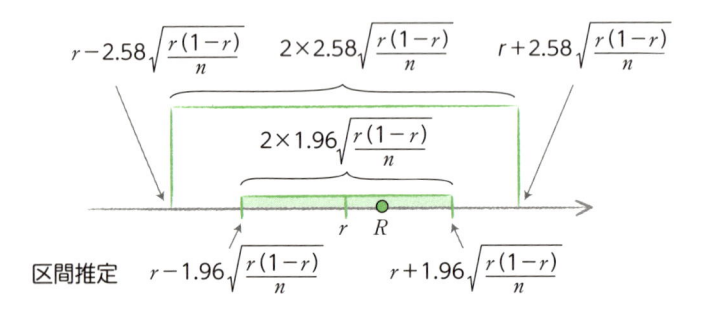

　これらの式から次のことがわかる。標本の大きさ n が大きくなれば $\sqrt{\dfrac{r(1-r)}{n}}$ の値が小さくなるので、(1)(2) ともに推定区間の幅を縮めることができる。推定幅が小さいほうが実用性が高まるが、調査量が増える分、コストや手間、時間がかかる。そこで、調査目的に応じて適切な標本サイズを決めることになる。

　なお、(2) のほうが (1) より推定区間の幅が広い。これは、同じデータをもとに推定するとき、信頼度を高めたければ推定幅を広くとって無難な判断をしようというもの。推定幅を一定にすれば、標本サイズを大きくすることで信頼度を高められる。

答 ①または③

問題 49

大学の合格可能性A判定は
コインの確率現象と同じか？

　模擬試験を受けると、過去の実績から合格率が算出される。この「合格可能性」は、コインで代表される確率と同じと考えていいだろうか？　例えば、大学の合格可能性A判定は、何回も受験すれば、そのうち80％以上が合格するということだろうか。次の選択肢から選べ。

① 合格可能性とコインの確率は同じである
② 合格可能性とコインの確率は同じではない

A：合格可能性80％以上
B：合格可能性60％以上80％未満
C：合格可能性40％以上60％未満
D：合格可能性20％以上40％未満
E：合格可能性20％未満

D判定ということは、100回も受ければ、20回〜40回ぐらい合格するのかな？

解説 49

　コインで表が出る確率が80%以上ということは、何回も何回もコインを投げ続ければ、ほぼ80%以上、表が出るということである。したがって、入学試験の「合格可能性A判定」が、「コインの確率」と同じだとすると、何回も何回もその学校を受験すれば、そのうち80%以上が合格することになる。

　ある予備校の話によると、合格可能性については次のように算出しているという。例えば、α大学の合格可能性の場合、昨年度の入試結果を基本データとする。つまり、昨年度の予備校内のα大学の受験者を偏差値順に並べ、「合格者／受験者」の割合が80%以上になる偏差値 T_A をA判定のボーダーラインとする。

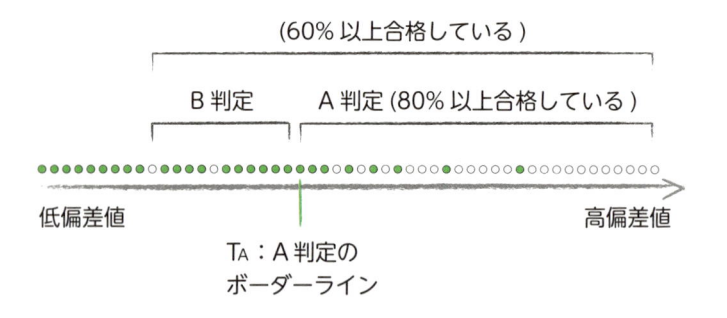

```
                    (60%以上合格している)
              ┌──────────────────────────┐
              │  B判定  │ A判定 (80%以上合格している) │
              └────────┴─────────────────┘
●●●●●●●●●●●●●●●●●●●●●●●●●●●●●●●●●●●●●●●●●●●●●●●●●→
低偏差値                                          高偏差値
                    │
              $T_A$：A判定の
              ボーダーライン
```

　今回の模擬試験では、この T_A という値以上の偏差値を有する者をα大学のA判定とするのである。つまり、A判定の人は、昨年であれば、この予備校内のα大学の受験者の8割が合格していた人たちと同じだ。これは、何回も何回も試行するコインやサイコロの確率の考え方と同じとは言えない。

答 ②（①と思う人は少ないだろうが、理由が大事）

問題 50

「100を超える偏差値」「マイナスの偏差値」はあり得る？

偏差値とは、その平均値はいつでも50、標準偏差が10である値に変える魔法の変換器である。その結果、偏差値50は並（平均）、60は上位グループ、70は秀才、80は天才などど言われる。

ここで、気になることがある。それは、100を超える偏差値やマイナスの偏差値は存在するのかどうか。90を超える偏差値や10を下回る偏差値ですら、見たことはないのだが……。

① 100超、0未満の偏差値は「ある」
② 100超、0未満の偏差値は「ない」

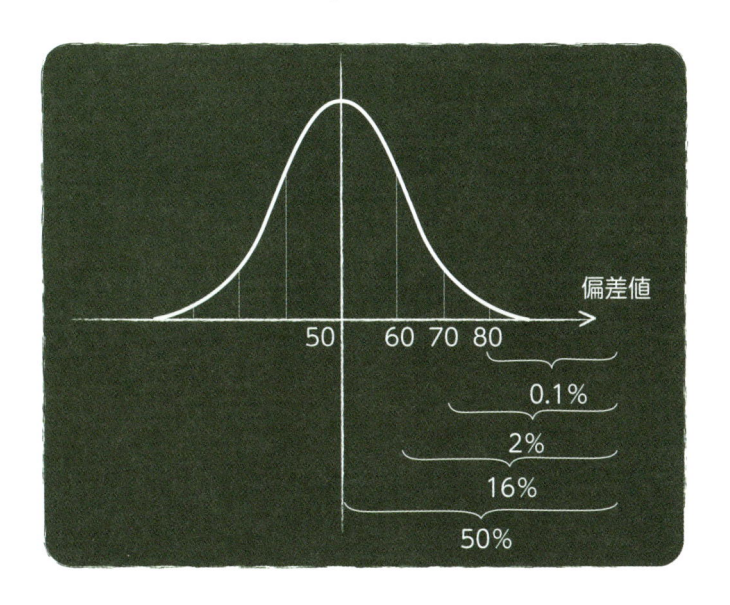

解説 50

結論から言えば、あり得る。下記はその例である。

No.	得点	偏差値
1	100	51.9
2	100	51.9
3	100	51.9
4	100	51.9
5	100	51.9
6	100	51.9
7	100	51.9
8	100	51.9
9	100	51.9
10	100	51.9
11	100	51.9
12	100	51.9
13	100	51.9
14	100	51.9
15	100	51.9
16	100	51.9
17	100	51.9
18	100	51.9
19	100	51.9
20	100	51.9
21	100	51.9
22	100	51.9
23	100	51.9
24	100	51.9
25	100	51.9
26	100	51.9
27	100	51.9
28	100	51.9
29	100	51.9
30	1	−3.9
平均=	96.7	50
標準偏差=	17.771	10

No.	得点	偏差値
1	1	48.1
2	1	48.1
3	1	48.1
4	1	48.1
5	1	48.1
6	1	48.1
7	1	48.1
8	1	48.1
9	1	48.1
10	1	48.1
11	1	48.1
12	1	48.1
13	1	48.1
14	1	48.1
15	1	48.1
16	1	48.1
17	1	48.1
18	1	48.1
19	1	48.1
20	1	48.1
21	1	48.1
22	1	48.1
23	1	48.1
24	1	48.1
25	1	48.1
26	1	48.1
27	1	48.1
28	1	48.1
29	1	48.1
30	100	103.9
平均=	4.3	50
標準偏差=	17.771	10

偏差値は、もとのデータがたくさんあり、その分布が山型の左右対称な場合に利用価値が高まる。上記の例は極めて異常であり、あくまでも理論上「あり得る」ことを示したに過ぎない。

答 ①

問題 51

統計学でよく使われる
「自由度」とは何のこと？

　統計学では、「**自由度**」という言葉がよく使われる。この自由度とは、いったい何だろうか？ ノーヒントだが、ありえそうな答えを選んでもらいたい。

① 母集団から標本を抽出するときの標本のサイズ
② 複数の変数が自由に変化できる度合い
③ 一度に分析できる資料の種類の上限

何人も我々を縛ることはできない！
というのは関係ないか…

X_1　X_2　X_3　　　　X_n

解説 51

いま、3個の変数 X_1、X_2、X_3 があるとする。これらの間に何も制約がなければ、3つの変数は好き勝手に自由な値をとることができる。したがって、変数 X_1、X_2、X_3 の「自由度は3」と考える。

ところが、「3個の変数 X_1、X_2、X_3 の和が5」という条件がついたらどうなるのだろうか。$X_1 + X_2 + X_3 = 5$ だから、X_1、X_2、X_3 のうち、どれか2つが決まると残りの1つは値が決まってしまう。このとき、自由度は3ではなく「2」と考える。つまり、自由度とは「自由に動ける変数の個数」のことなのである。

一般に、変数が n 個ある場合、その自由度は n と考えられるが、$\overline{X} = \dfrac{X_1 + X_2 + \cdots + X_n}{n}$ のように制約（ここでは1つ）があると自由度は $n - 1$ となる。1つの制約が生じているからである。

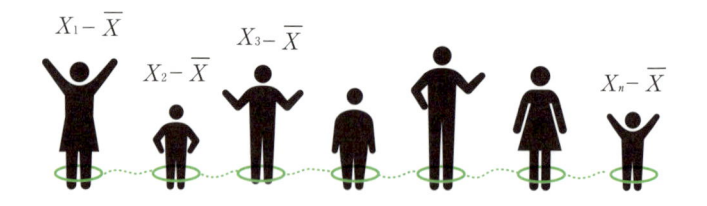

統計学では、データのバラツキ具合を表す分散 σ^2 に対して、もう1つ**不偏分散** s^2 があるが、この不偏分散の分母 $n - 1$ は自由度と関係しているのである。

分散 $\sigma^2 = \dfrac{(X_1 - \overline{X})^2 + (X_2 - \overline{X})^2 + \cdots + (X_n - \overline{X})^2}{n}$ …母集団の分散

不偏分散 $s^2 = \dfrac{(X_1 - \overline{X})^2 + (X_2 - \overline{X})^2 + \cdots + (X_n - \overline{X})^2}{n - 1}$ …標本の分散

答 ②

問題 52

バラけた点の近くを通る直線はズバリどれか？

中級編

　下記の表とグラフ（散布図）は、ある会社の平成22年度から26年度にかけての宣伝費 x と売上高 y の関係を示したものである。この散布図に描かれた5つの点のすべてに、できるだけ近いところを通る直線を描きたい。①〜④のどれがいいだろうか？

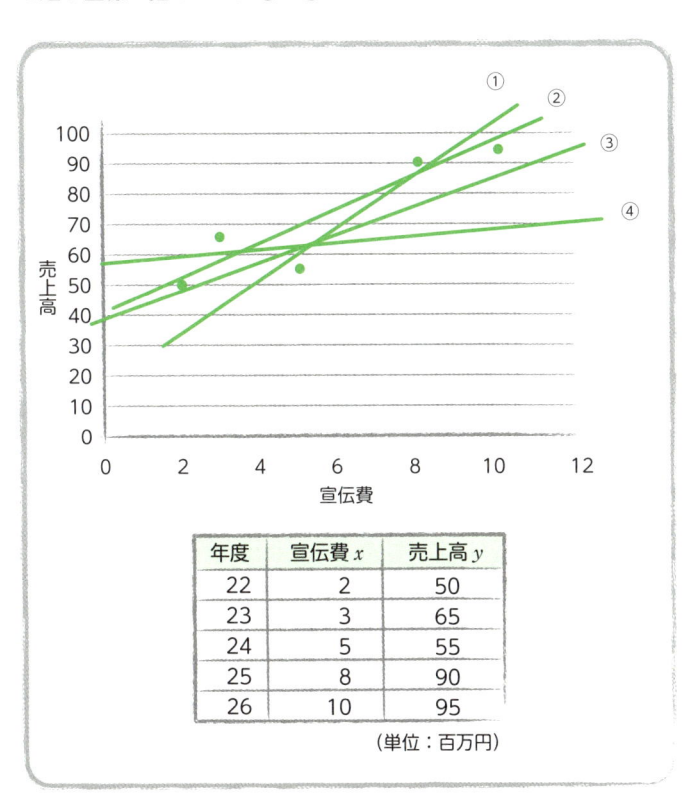

年度	宣伝費 x	売上高 y
22	2	50
23	3	65
24	5	55
25	8	90
26	10	95

（単位：百万円）

解 説 52

　本当は5つの点すべてを通る直線を描きたい。しかし、それは直線である限り、無理な話。そこで、5つの点すべての「できるだけ近いところを通る直線」を探そうというわけである。

　統計学で有名な**回帰分析**は、こうして得られた直線をもとに宣伝費 x から売上高 y を予測しようというものである。つまり、直線の式の x に宣伝費の額を入れて y を求めれば、そのときの売上高 y が予測できる。

　この直線を求めるには次のようにする。5つの各点について、その y 座標と直線 $y = ax + b$ の y との差、つまり誤差（右図）を求め、その「誤差の2乗の和が最小」になるように a、b を決定する（**最小二乗法**）。このクイズの場合、求める直線は $y = 5.6x + 39.8$ となる（下図）。あなたの直観で描いた直線と同じだろうか。

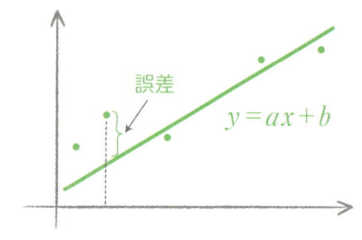

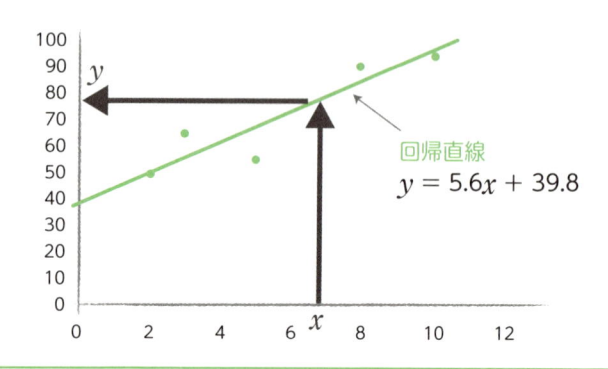

答 ②（上図の直線）

問題 53

t 検定、F 検定、χ^2 検定……
それぞれの「検定」の違いって？

後輩：統計学を勉強していると、検定という言葉に出会います。

先輩：検定？ ある仮説のもとで起こりにくいことが起きたら、その仮説を棄てるということだよね。

後輩：はい、でもt検定、F検定、χ^2検定……のように、次々に新しい検定が出てくるんです。この違いって？

　後輩の気持ちを代弁して、問題。どうして「**検定**」がこんなにあるのか、その違いは何だろうか？

① 「起こりにくい」と判定するときに利用する確率分布の違い

② 検定の基本哲学が異なるため

③ 検定のレベルの違い。統計学では、検定する内容の重要度によって高レベルの検定、低レベルの検定を使い分ける

χ^2検定って、
エックス2乗検定
と読むの？
え？カイ2乗？

解説 53

t 検定、F 検定、χ^2（カイ 2 乗）検定など、色々な名前のついた検定がある。いずれも、「基本哲学は同じ」である（よって、②は間違い）。

これらの検定の違いは、「起こりにくい」と判断するときの統計量の確率分布が違うことだ（よって、答えは①）。ちなみに、t 検定は t 分布、F 検定は F 分布、χ^2 検定は χ^2 分布という確率分布を使って「起こりにくい」ことを判定する。

1 つ例を挙げよう。日本の大学生から n 人を抽出して得た体重のデータ $\{X_1、X_2、\cdots、X_n\}$ をもとに、次の統計量 T を考える。これは、標本を抽出するたびに値が変化するが、大きさ $n-1$ の t 分布に従うことが知られている。

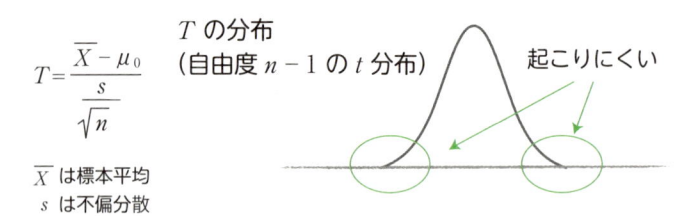

$$T = \frac{\overline{X} - \mu_0}{\frac{s}{\sqrt{n}}}$$

T の分布
（自由度 $n-1$ の t 分布）

起こりにくい

$\overline{X}$ は標本平均
s は不偏分散

統計量 T の持つ、この性質を使うと母平均 μ_0（日本の大学生全体の体重の平均値）が変化したかどうかを、検定することができる。つまり、実際に標本から得られた統計量 T の値が、t 分布の確率の小さい（つまり、起こりにくい）部分の値であれば、母平均 μ_0 が変化したと考えるのである。この検定は、t 分布を使ったので、t 検定と呼ばれる。なお、検定名の t や F は分布の発見者の名前である。

答 ①

問題 54

大病院と小病院では、ガンの発見率はどちらが高いか？

　A市には、検査機器やスタッフが同レベルの大小2つの病院がある。大病院ではガン検診に毎日100人が訪れ、小病院では10人が訪れる。10人に1人がガンであるとき、1日の検診者のうち、2割以上にガンが発見されることもあるだろう。1年で比較したとき、「検診者の2割以上にガン発見」という日数は大病院、小病院のどちらが多いだろうか？

① 大病院のほうが多い
② 小病院のほうが多い
③ 大病院も小病院もほぼ同じ

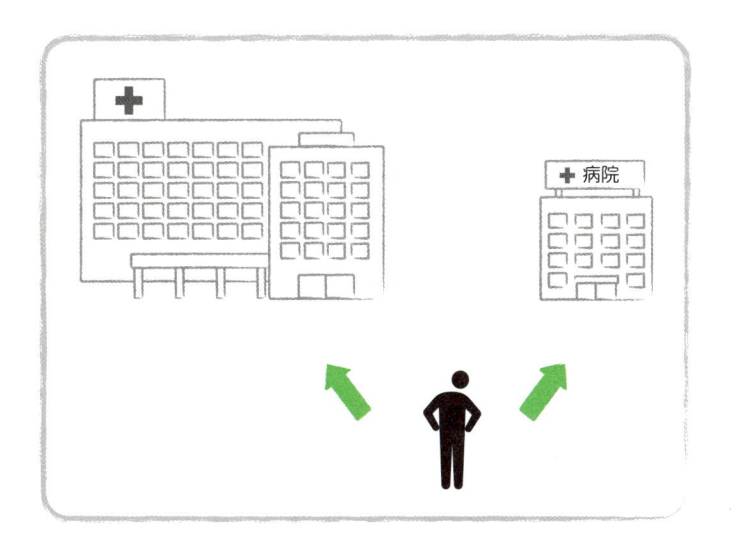

解説 54

　サンプルサイズが小さければ、発見率（相対度数）は不安定になる（揺れる）。したがって、2割以上の発見日は、小病院のほうが多くなる。このことを、シミュレーションで確かめてみよう。

　下図は検診者の「10人に1人はガンである」とし、大病院、小病院の日ごとの発見率を100日分シミュレートしたものである。

＜検診者100人の大病院＞　　＜検診者10人の小病院＞

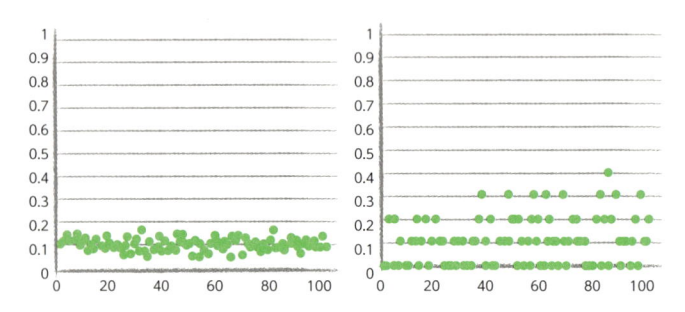

　発見率が2割以上の日数は大病院が0日、小病院が28日。単に、発見率が2割以上の日が多いかどうかで検査能力を判定すれば、小病院のほうが優れている。ただし、それはサンプルサイズが小さくて発見率が不安定（揺らぎが大きい）になり、大病院よりも多く発生したに過ぎない。決して、小病院のほうが大病院よりも検査能力が勝ることを示したものではない。

　どちらの病院でも、検診者を累積したもので発見率を算出すれば、検査日数が増えるとガンの確率 0.1 に近づいていく。

答 ②（小病院のほうがバラツキが不安定なので）

問題 55

火災保険の料金、10戸対象と 10万戸対象ではどちらが安い？

被災者に同額の補償をするとき、加入者の多い保険会社と少ない保険会社では、どちらが保険料金を安くできるのだろう？

① 加入者の少ない保険会社
② 加入者の多い保険会社

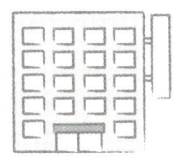

どう考えるといいんだろう？

解説 55

加入者が10戸と10万戸の火災保険を例にして調べてみよう。火災にあった場合の補償金を1000万円、年間保険料は2万円、火災発生率を0.001としてみる。

(1) 加入者10戸の保険会社

1年間の総収入 2万円×10戸＝20万円

火災が発生すれば1000万円の支出。ここで、火災発生率0.001とすると、100年間で何件ぐらい火災に遭うのかを乱数を使ってシミュレートしてみた。火災が発生しない年もあるが、右のグラフのように1〜2回火災が発生することも珍しくない。10戸だから揺らぎが激しいのである。火災が2件も発生したら、保険会社は倒産である。

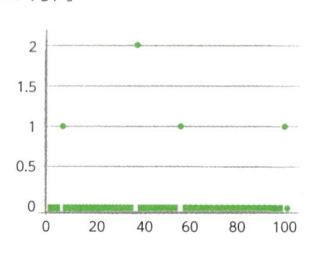

(2) 加入者10万戸の保険会社

1年間の総収入 2万円×10万戸＝20億円

年間の平均火災発生件数は10万×0.001＝100戸。よって、1000万円×100戸＝10億円。しかも、10万件と数が大きいので、どの年もほぼ100戸前後の火災発生で、100から大きくズレることは極めて稀である（大数の法則）。したがって、毎年、10億円前後の利益を安定してあげることになる。

以上でわかるように、加入者が少ないと保険料は高くせざるをえない。一般に保険会社の経営を安定させるには、事件の発生件数がほぼ安定すると見なせる加入者数が必要。前問同様、小さいケースでの「揺らぎの大きさ」がポイントだ。保険会社は大数の法則に支えられているのだ。

答 ②

問題 56

アンケートで賛成6割なら、「民意」と判断してよいか？

P町では、「公害を引き起こした工場の再稼働の是非」について、100人にアンケートをとった。すると、24人が賛成、16人が反対、残り60人が「無回答」だった。回答した40人のうち賛成は24人なので、「6割が賛成だったから、民意として再稼働賛成」とみてよいか？

① 6割賛成なので、判断は妥当である
② 大きな案件では、8割の32人の支持がほしい
③ このアンケート内容では、判断に無理がある

アンケート調査では調査対象の人数だけじゃなく、有効回答率も大事かな？

| 解 説 | 56 |

「100人中60人が無回答」、つまり無回答が大きな割合を占めたときの問題点を調べてみよう。

理論というのは、極端にしてみるとわかりやすい。100人中97人が無回答で、2人が賛成、1人が反対のとき、「2/3が賛成なので、これがサンプルの意向」だと見なすのは無理がある。100人の意向を、たった2人の意向で代表させることになる。

また、100人中3人が無回答で60人が賛成、37人が反対の場合、「60/97（6割強）が賛成なので、これがサンプルの意向」だとしても違和感はない。100人の意向を全体の過半数である60人で代表させたからである。

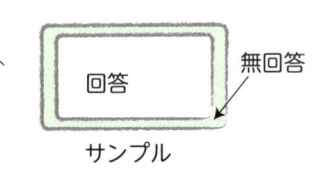

このように、無回答者の割合が高いときにはアンケート調査の妥当性が薄れ、無回答者の割合が低いときには妥当性が高まる。

この問題の場合、100人中60人が無回答で24人が賛成、16人が反対であった。このとき、「24/40 = 2/3が賛成なので、これがP町の意向」だと見なすには無理がある。100人の意向をたった24人の意向で代表させたからである。

もし、無回答者の多くが本当は（内心は）反対だった場合、十分、逆転が起こりえるからである。アンケート調査の場合、有効回答率は60％以上が望ましいと言われている。

答 ③

問題 57

成功率10%、
30回チャレンジしたらどうなる？

「下手な鉄砲も数撃てば当たる」という諺がある。成功率がたとえ10％でも、30回も挑戦すれば少なくとも1回ぐらいは成功すると言えるだろうか。

① ほぼ確実に言える
② 確率0.5ぐらいで言える
③ ほぼ確実に言えない

解説 57

　成功する確率 0.1 の人が 30 回挑戦したとき、少なくとも 1 回は成功する確率 P を求めてみよう。ただし、各回の成功と不成功は他の回に影響しないと考える。確率の世界では、このことを「**試行の独立**」という。また、「30 回中、少なくとも 1 回成功する」を否定すると、「1 回も成功しない、つまり 30 回全部失敗」である。30 回全部失敗する確率は、

　$(1 - 0.1) \times (1 - 0.1) \times \cdots \times (1 - 0.1) = (1 - 0.1)^{30}$

　したがって、30 回中、少なくとも 1 回成功する確率 P は、

　$P = 1 - (1 - 0.1)^{30} = 0.958$

　つまり、30 回挑戦すれば、約 96％の確率で、少なくとも 1 回は成功することになる。

　このことを一般化すると、1 回の挑戦で成功する確率が r の人が、n 回挑戦したとき、少なくとも 1 回成功する確率 P は次のようになる。

　$P = 1 - (1 - r)^n$

　参考までに、$r = 0.1$ として n を変化させたときの P のグラフを掲載しておこう。50 回もチャレンジすれば、確率はほぼ 1 である。諦めないでチャレンジしよう！

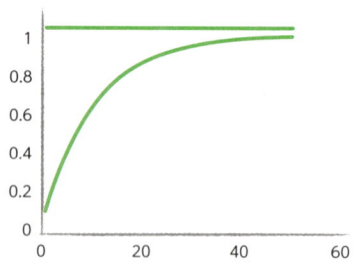

答 ①

問題 58

精度99%のガン検査、陽性反応で引っかかってしまうと…

　いま、ガンに罹っている人の99%に陽性反応が出る検査がある。太郎君がこの検査を受診したら、陽性反応が出てしまった。その日から太郎君は食事ものどを通らず、夜も眠れないほど気が滅入ってしまった。はたして、太郎君がガンである確率は本当に99%なのだろうか？

① 検査結果から、99%の確率でガンと言える
② ガンであるか否かだから、50%の確率である
③ これだけの情報では何とも言えない

解説 58

　99％の確率で陽性反応。つまり、「あなたはガンですよ」という反応が出れば誰だってショックだ。しかし、絶望する前によく条件を読んでほしい。「ガンである人は99％」となっている。ガンでない人がこの検査を受けたら、どうなるかについてはよくわからない。したがって、これだけでは何とも言えないのである。

　太郎君の悩みを解決するために、この検診の説明書をよく読んで、本当にガンである確率を求めてみる。すると、説明書には、さらに次のように書いてあった。

　（イ）ガンである人は99％の確率で陽性反応
　（ロ）ガンでない人は6％の確率で陽性反応
　なお、日本人がこの種のガンにかかっている割合は2％

　このことをわかりやすいように、10000人が検査を受けた図で考えてみよう（※図を見やすくするため、人数と図の面積には関連はない）。

　まず、「日本人がこの種のガンにかかっている割合は2％」ということから、割合として10000人のうち200人がこのガンにかかっていることになる。

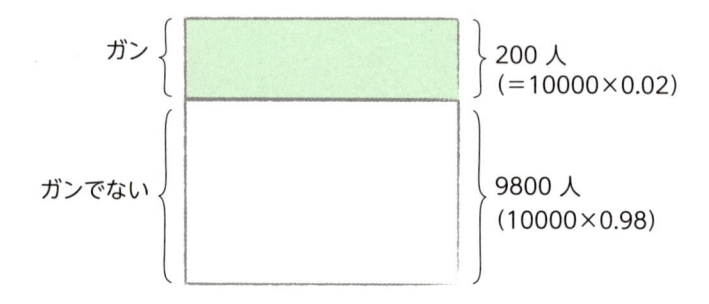

ガン：200人（＝10000×0.02）
ガンでない：9800人（10000×0.98）

次に、(イ)の条件より、ガンである人の99%が陽性反応だから、200 × 0.99 = 198人がガンで陽性反応が出る。(ロ)の条件より、ガンではないのに陽性反応が出る人は588人いることになる。

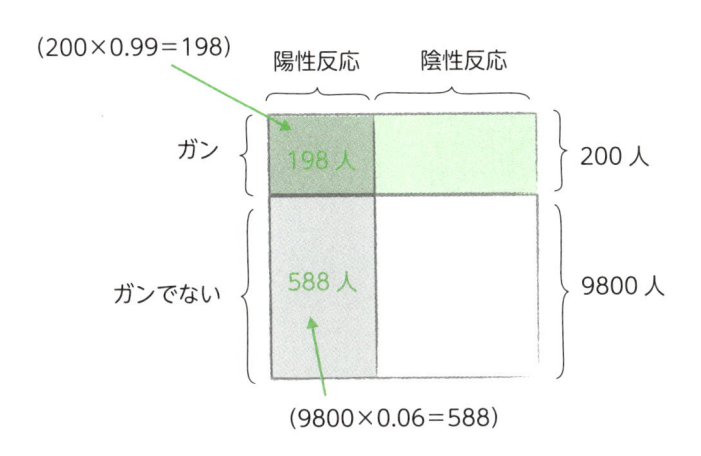

(200×0.99＝198)

陽性反応　陰性反応

ガン｛ 198人 ｝200人

ガンでない｛ 588人 ｝9800人

(9800×0.06＝588)

すると、陽性反応が出た人は10000人中198 + 588 = 786人であることがわかる。その中でガンである人は198人だから、陽性反応が出た人がガンである確率は次のようになる。

$$\frac{198}{198 + 588} = 0.2519\cdots$$

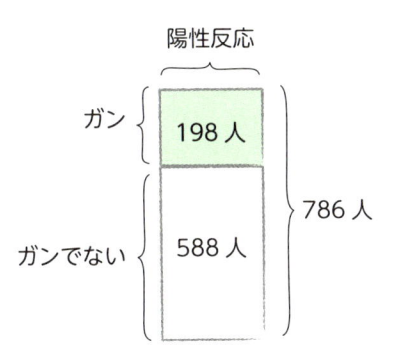

陽性反応

ガン｛ 198人

ガンでない｛ 588人

｝786人

答 ③

<参考> 10万人に1人の難病X

10万人に1人の割合でかかる、難病Xの検診で陽性反応が出たら、実際に難病Xにかかっている確率はどのくらいだろうか。ただし（イ）（ロ）の条件はクイズと同じとする。

検査を受けた人が10万人の図で人数構成を考えてみよう。ガンの場合と同様に考えると、下図の人数構成を得る。

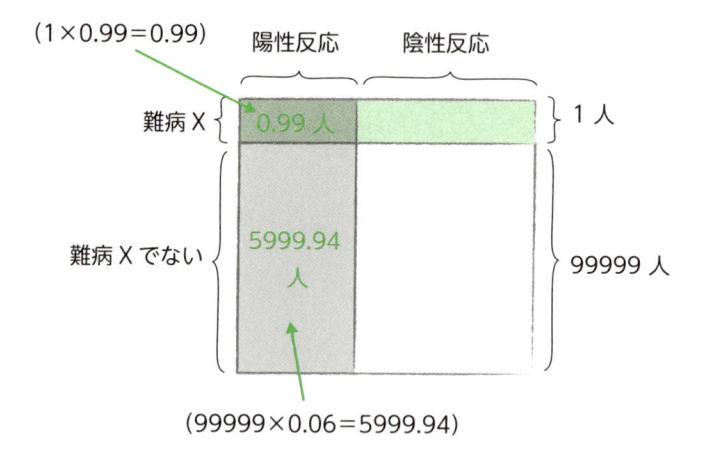

```
         (1×0.99=0.99)    陽性反応    陰性反応

    難病X {            [ 0.99人  |           ]  } 1人

    難病Xでない {        [ 5999.94 |           ]  } 99999人
                       [   人    |           ]

              (99999×0.06=5999.94)
```

したがって、検診で難病Xの陽性反応が出たとき、実際に難病Xにかかっている確率は次のようになる。

$$\frac{0.99}{0.99 + 5999.94} = 0.00016\cdots$$

これは、約6000人に1人の割合だ。つまり、本当は5999/6000の割合で「難病Xではない」ことになる。

問題 59

数学者ポアンカレは「パン1個100グラム」というウソをどう見抜いた？

フランスの数学者ポアンカレ（1854～1912）は、近所のパン屋さんが売っている1個100グラムのパンに疑問を持った。本当は100グラムよりも、もっと軽いのではないか。つまり、「不当表示ではないか」というわけである。彼は、それをどうやって見抜いたのだろう？

① ある日のパンを全部買い取って、パンの重さの平均値を求めた
② 毎日買うパンの重さの度数分布（または確率分布）を求めた
③ 毎日買うパンの重さを記録し、ひと月後にパンの重さの平均値を求めた。

| 解説 | 59 |

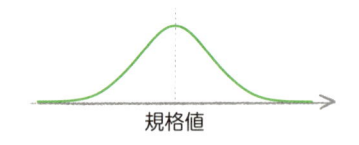

たくさんの物を製造する場合、どの製品もピッタリと同じ重さ、同じサイズで作ることは無理がある。実際には、基準よりも大きかったり、小さかったりとまちまちになる。したがって、個々のものが規格値と違うからといって、ただちにおかしいとは言えない。しかし、ドイツの数学者ガウス（1777～1855）は、製品の重さやサイズなどは上図のような左右対称な山型の分布（正規分布）に従うことを突き止めていた。

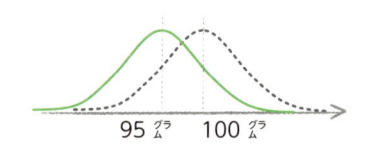

このことを知っていたポアンカレは、問題のパンを買うたびに重さを測り、グラフにしてみた。すると、平均値が95グラムの正規分布となり、明らかにパン屋さんが嘘つきであることがわかった。このことを、パン屋さんに指摘したら、「今後気をつけます」とのこと。

しかし、ポアンカレはその後もパンの重さを測ってグラフにした。今度は下図のグラフを得た。これは、左右対称な正規分布とはとても言えない。そこで、文句をつけたところ、「参ったなぁ、ポアンカレさんには大きめのパンを渡していたんですよ」と白状した。それでは、正規分布になるわけがない。

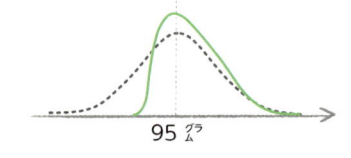

答 ②（正規分布のグラフになるかどうかを調べた）

問題 60

"統計主婦"が家計簿から見抜いた夫の異変とは？

この数年、夫が香典の請求をすることが多くなった。そこで、"統計主婦"を自認する妻が、家計簿で慶弔費支出の回数を調べてみた。左下表は結婚してから15年間に香典を請求された回数の度数分布表、右下表はその後10年間に請求された回数の度数分布表である。彼女は、ある不思議に気づいた。何に気づいたのか？

① 結婚後の前半（15年間）と後半（10年間）では、年平均の香典支出回数が大幅に違う。つまり、後半のほうが増えた
② 慶弔回数の度数分布（相対度数分布）の特徴が変化した
③ 最頻値（モード）が1回（または、2回）から5回に変化した

（結婚前半の15年間）

慶弔回数	度数（年数）
0	1
1	4
2	4
3	3
4	2
5	1
6	0
7	0
8	0
9	0
10	0

（年平均 2.26）

（結婚後半の10年間）

慶弔回数	度数（年数）
0	0
1	0
2	0
3	0
4	4
5	5
6	1
7	0
8	0
9	0
10	0

（年平均 4.7）

解説 60

　結婚して 25 年も経てば、皆、高齢になり、お葬式も増えるもの。ただ、そこは"統計主婦"である。彼女はそれぞれの表をもとに慶弔回数に関する相対度数分布グラフ（黒）を描いてみたのである。

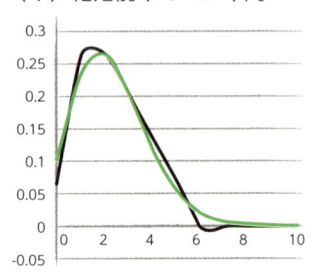

（イ）結婚前半の 15 年間　　　（ロ）結婚後半の 10 年間

　そう、統計主婦は分布の違いに気づいたのである。（イ）の結婚前半の分布は平均値 2.26 のポアソン分布（緑）に近いが、（ロ）の結婚後半の分布は平均値 4.7 のポアソン分布（緑）に近いとは言えない。つまり、分布が変質していると。

　ポアソン分布は、稀にしか起こらない現象の分布である。もともとは、落馬した騎馬兵隊の死亡者数の分布であり、現代では交通事故の死亡者数の分布などが当てはまる。慶弔回数の分布もポアソン分布に近いはずなのに、（ロ）の分布はそうではない。怪しい……。そこで、夫を詰問してみたところ、同僚の女性との浮気で小遣いが足りなくなり、慶弔費ということで充当していたと白状した。こうして、統計主婦は、分布の変化から夫の浮気を見抜いたのである。一件落着、めでたし、めでたし……となったかどうか、その後の夫婦のことは定かではない。

答 ②

問題 61

内閣支持率は、
なぜ新聞社ごとに異なるのか？

20XX年のW内閣について、新聞各社が支持率を発表した。

Y新聞	64%
A新聞	47%
N新聞	60%
K通信	55%
M新聞	47%

いずれもＲＤＤ法により、1000人前後から得た回答をもとに算出したというが、最大で17ポイントも差がある。なぜ、こんなことになると考えられるか？

① 1000人程度のアンケート結果だから、誤差が出た
② 新聞各社が自社に都合のいいデータを採用した
③ ＲＤＤ法の宿命である

統計は自分たちの主張を補強するために使われると言われるが…

解説 61

　最高点と最低点の差が 17 ポイントもあるのは、統計学から見ると「驚き！」である。統計的な判断は誤差がつきものであるが、1000 人前後の標本調査法では、誤差の上限は理論的には 4 ポイント前後と言われている。

　以下に、これほど大きな違いが生じた理由を挙げてみよう。

　（イ）ＲＤＤ法そのものは、一見、ランダムサンプリングだが、電話を利用することによっても偏りが生じる。

　（ロ）新聞社との相性によって偏りが生じる。つまり、Ａ新聞社の世論調査だとわかれば、Ａ新聞社の考え方に合わない人は拒否することが多く、Ａ新聞社と同調する考え方の人しか調査の対象にならなくなる。これは他の新聞社でも同じことだ。その結果、各新聞社の考え方そのものが、世論調査の数値に反映されてしまう。

　（ハ）質問の仕方によって集計に違いが出る。例えば、次の質問を見てみよう。

質問Ａ：Ｗ内閣を支持しますか
　　（ⅰ）支持する　（ⅱ）支持しない
質問Ｂ：Ｗ内閣を支持しますか
　　（ⅰ）支持する　（ⅱ）何とも言えない　（ⅲ）支持しない

　このとき、質問Ｂのほうが支持率は下がりやすい。極端な例だが、質問形式を巧妙に組み立てることで回答を誘導することもできる。以上のことから、世論調査の結果をそのまま鵜呑みにしてはいけないようである。

答 ③

問題 62

全数調査と標本調査、どっちが正確に調べられる？

2007年に「全国一斉学力テスト」が導入された。これは全数調査である。「児童生徒の学力・学習状況を把握・分析」が目的の1つだが、そのためには統計学の観点から、全数調査と標本調査のどちらがいいだろうか？

① コスト・手間はかかるが、「学力・学習能力」を正確に把握するには「全数調査」に勝るものはない
② 大まかな「学力・学習能力」の状況把握と、歪みのない調査の面では、「標本調査」のほうがよい

生徒数、数百万人の小学校6年と中学3年が対象。なぜ全員にこだわるのだろう？

解説 62

　全体を隈なく調べる**全数調査**に対して、一部を調べて全体の特性を見抜くのが**標本調査**である。当然、全数調査のほうが正確に思われるが、①でも指摘しているように、学力テストに関しては費用の問題がある。2007年に導入された全国一斉学力テストの場合は、小学校6年生と中学校3年生のみが対象であったが、それでも数十億円の費用がかかったと言われる。この点、標本調査は極めて少額で済む。これは標本調査の非常に優れた点である。

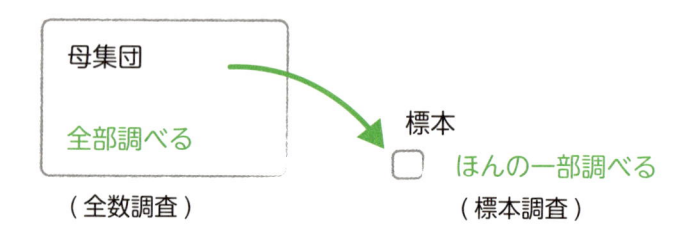

```
母集団                      標本
全部調べる                   □ ほんの一部調べる
（全数調査）                （標本調査）
```

　また、全数調査の場合、本来の目的ではない状況まで調べがついてしまうことから、弊害も出てくる。例えば、「○○中学は××中学よりも成績がいい」など、日本全体の学力を知る目的とは違った話になってくる。

　そうなると、テストを受けるための補習を試みたり、テストに出ることしか教えなかったり、成績の悪い子供は休ませるといった予期せぬ行動も生まれかねない。結果、歪められたデータをもとに分析することになり、本来の状況とは違ったものになる危険性もある。

　標本調査はあくまで全体の特性を調べるものだから、個々については触れられない。そのことが、母集団の本来の姿を知る分析法として、全数調査よりも好ましいことがある。

答 ②

問題 63

統計学は「好き」「嫌い」などの質的なデータは処理不能？

　統計学と言うと、平均値や分散、標準偏差などの数値計算を連想する。そこで、疑問に思うことがある。例えば、下記アンケートのような「好き」「嫌い」「生活態度」などの質的データを、統計学のまな板の上に載せることができるのか？　①②から選んでほしい。

問1　食に関して肉と魚はどちらが好きですか
　　（イ）肉　　（ロ）魚

問2　休日の過ごし方は主に次のどれですか
　　（イ）ゴロゴロ　　（ロ）ショッピング　　（ニ）スポーツ

問3　あなたの体重は　　　　　kg

（アンケートの集計結果例）

質問項目	問1		問2			問3
選択肢	(イ)肉	(ロ)魚	(イ)ゴロゴロ	(ロ)ショッピング	(ロ)スポーツ	体重(kg)
海野イルカ	○				○	65
森イズミ		○	○			60
原田スミレ	○				○	70
河原キャンプ		○		○		55
山川カヤック	○		○			80

① 数値ではないデータは、統計学には不向き
② 数値でなくても、統計学の守備範囲にできる

解説 63

「良い」「悪い」「好き」「嫌い」などの質的データから、収入や交際費などの量的データを説明する統計学の手法に**数量化Ⅰ類**という数量化理論があるので説明しよう。

前ページのアンケートでは、食に関しては肉に x_1 点、魚に x_2 点、生活態度に関してはゴロゴロに y_1 点、ショッピングに y_2 点、スポーツに y_3 点を与えることにする。

アイテム	問1		問2			サンプルスコア	体重(kg)
カテゴリー	(イ)	(ロ)	(イ)	(ロ)	(ハ)		
カテゴリーウェイト	x_1	x_2	y_1	y_2	y_3		
海野イルカ	x_1				y_3	$x_1 + y_3$	65
森イズミ		x_2	y_1			$x_2 + y_1$	60
原田スミレ	x_1				y_3	$x_1 + y_3$	70
河原キャンプ		x_2		y_2		$x_2 + y_2$	55
山川カヤック	x_1		y_1			$x_1 + y_1$	80

これらの点数の和が体重を忠実に表現できるように、つまり、次の Q が最小になるように x_1, x_2, y_1, y_2, y_3 の値を決める。

$Q = \{65 - (x_1+y_3)\}^2 + \{60 - (x_2+y_1)\}^2$
$+ \{70 - (x_1+y_3)\}^2 + \{55 - (x_2+y_2)\}^2 + \{80 - (x_1+y_1)\}^2$

アイテム	問1		問2			サンプルスコア	体重(kg)
カテゴリー	(イ)	(ロ)	(イ)	(ロ)	(ハ)		
カテゴリーウェイト	67.5	47.5	12.5	7.5	0		
海野イルカ	67.5				0	67.5	65
森イズミ		47.5	12.5			60.0	60
原田スミレ	67.5				0	67.5	70
河原キャンプ		47.5		7.5		55.0	55
山川カヤック	67.5		12.5			80.0	80
						Q=	12.5

すると、肉の好きな人やゴロゴロの生活をしている人のほうが、体重が多いことがわかる。これが数量化理論の例である。質的データを解析する、これらの理論は林知己夫（1918～2002）が開発した統計的技法で、日本が誇る数学の業績の1つである。

答 ②（数量化理論を使えばできる）

問題 64

2つの変量の間に
強い関係がある散布図はどれか？

身長と体重のような「2つの変量の相関の強さ」を表したものが、相関係数（最大1、最小-1）である。下図の散布図から判断するとき、相関係数が1または-1に近いものはどの形だろう？

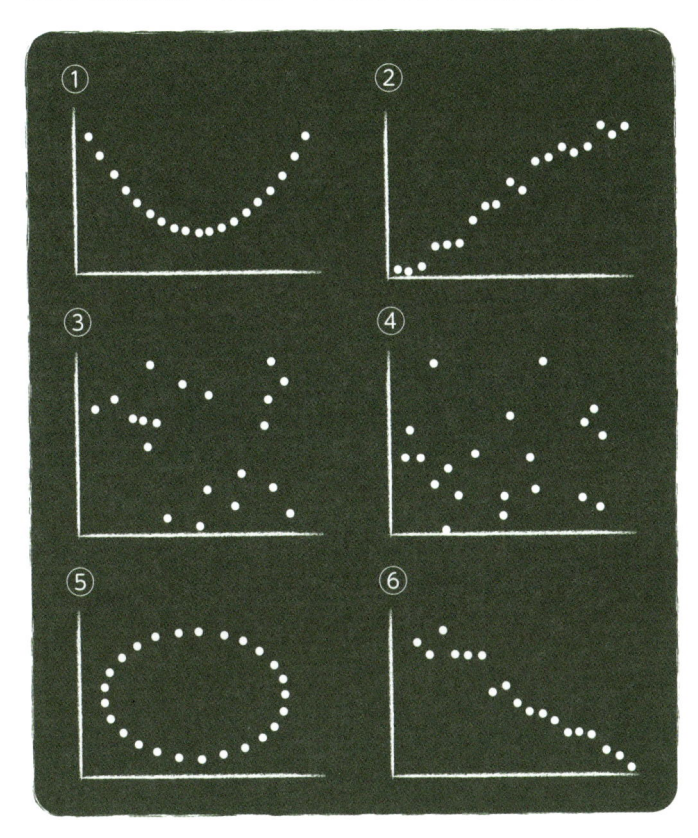

解説 64

　2つの変量があるとき、一方を x、他方を y として座標平面上の位置 (x, y) に点をプロットした図を **散布図** という。これを利用すると、2つの変量の関係が見えてくる。

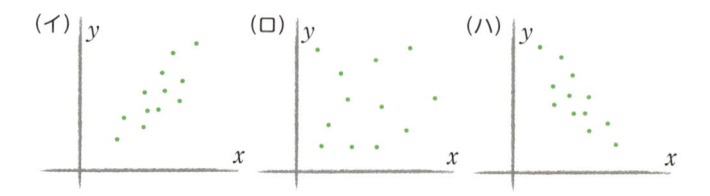

(イ) ｜y　　　　(ロ) ｜y　　　　(ハ) ｜y

　図イでは、変量 x が増加すれば変量 y も増加している。これを「**正の相関**」と言う。図ロでは、x と y の間には、とりたてて特徴があるとは言えない。これを「**相関はない**」と言う。また、図ハでは、変量 x が増加すれば変量 y は減少するという関係である。これを「**負の相関**」と言う。

　この相関の状態を数値で端的に表したものに、有名な **相関係数（ピアソンの積率相関係数）** がある。これは －1 以上、1 以下の値をとる。相関係数が 1 に近いほど「正の相関」が強く（図イ）、逆に －1 に近いほど「負の相関」が強い（図ハ）。また、0 に近いほど相関がない（図ロ）。

　問題の各散布図からこの相関係数を求めると次のようになる。
　① 0　② 0.95　③ －0.2　④ 0.1　⑤ 0　⑥ －0.95
　すると、強い相関があると判定されるのは②と⑥の 2 つである
　ここで注意したいのは、「**相関係数は 2 変量間の直線的な関連性の強さを表したもの**」ということである。したがって、①や⑤のように 2 変量の間に強い関係があっても相関係数は 0 になる。

答 ②と⑥（①と⑤は相関係数は 0 だが、強い相関がある）

問題 65

統計の黄金ルールにある「うっかりミス」と「ぼんやりミス」

「100%八百長！」としか思えないケースでも、「偶然だよ」と言われると、その理屈を覆すのは難しい。

しかし、統計学にはこういう場合でも「八百長！」と判断する黄金ルールがある。まず、「八百長ではない」という賭博師の主張（**帰無仮説**＝無に帰したい仮説）を認める。そして、「八百長ではないとしたとき、そのケースでは5％も起こらない珍しいことが起きた場合は主張を引っ込めて（棄却）、八百長と認めてね（**対立仮説**＝本来主張したい仮説）」という論理だ。

実は、この最強の黄金ルールにも「うっかりミス」と「ぼんやりミス」という穴がある。それはどんなミスだろう？

① 帰無仮説を「うっかり」して対立仮説と取り違え、対立仮説を「ぼんやり」して帰無仮説と取り違えてしまうミス
② 帰無仮説がホントは正しかったのに「うっかり」その仮説を間違っていると思って棄ててしまい、帰無仮説がホントは間違っていたのに「ぼんやり」と見逃して認めてしまうミス

解説 65

「この風邪薬はたくさんの人に効き目がある」という効能の書かれた薬を太郎君が服用してみたが、さっぱり効かなかったとしよう。このとき、太郎君は「この薬の効能書は正しくない」と思うに違いない。

しかし、本当はこの薬は多くの人に効いていて、太郎君が例外的体質だったのかもしれない。すると、その薬は正しいのに間違いと誤って（うっかり）判断したことになる。

一方、花子さんがこの風邪薬を服用したら実によく効いた。このとき、花子さんは「この風邪薬は正しい」と考えるに違いない。しかし、花子さんの風邪が治った本当の理由は、少し前に飲んだ生姜ティーだったとも考えられる。これは、飲んだ薬が効かなかったにもかかわらず見過ごした誤り（ぼんやり）である。

検定でもこれと同じような2種類の判断ミスを行う可能性がある。このことについて調べてみよう。

よく効くなんて、おかしいよ

この風邪薬はたくさんの人によく効きます

なるほどよく効くわね

薬の効かなかった2人　　　薬の効いた2人

実験や調査をした結果が、「ある仮説のもとでは起こりにくいことであれば、その仮説は棄てる」というのが検定の考え方である。しかし、このとき、2つの過ちを犯す危険性（うっかり／ぼんやり）があることに注意しなければいけない。

　1つは、ある仮説のもとで、極めて起こりにくいことが起こったとして、「よって、この仮説を棄却する」ということがある。しかし、それは「起こりにくい」というだけで、もしかすると偶然起こるかもしれない。それなのに、その仮説を棄ててしまう。つまり、「仮説が正しいにもかかわらず、それを（**うっかり**）棄ててしまうという誤り」である。これは**第一種の誤り**と呼ばれている。賭博師は本当は八百長をしていなかったのに、偶然、起こりにくいことが起こり「八百長」とされるケースだ。

　もう1つの過ちは、実験や調査の結果がある仮説のもとでは起こりにくいことではなかったので、その仮説を棄てなかった。ところが、その仮説は誤りであったというときである。つまり、「仮説が誤りであるのに棄てない。これは（**ぼんやり**）受容してしまう誤り」で、**第二種の誤り**と呼ばれている。

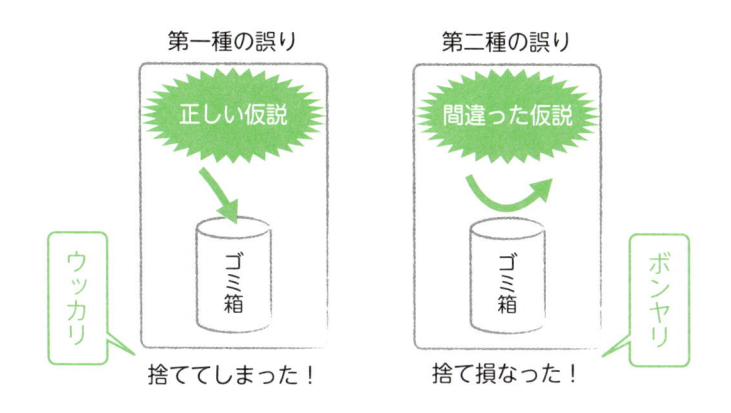

第一種の誤り	第二種の誤り
正しい仮説 → ゴミ箱	間違った仮説 ↷ ゴミ箱
ウッカリ	ボンヤリ
捨ててしまった！	捨て損なった！

「うっかりミス」と「ぼんやりミス」は、トレードオフの関係にある。一方を防ごうとすると、他方のリスクが大きくなる。例えば、「セキュリティをあまりに強化すれば、たとえ本人であっても、花粉症でちょっと目が腫れているだけで『偽物だ！』となってマンションに入れなくなったりする（うっかり）。

その「うっかりリスク」を回避しようとしてセキュリティを甘くすれば、本人と似ても似つかぬ赤の他人さえも通してしまう（ぼんやり）というリスクを背負うことになる。

＜参考＞第一種の誤りと危険率（有意水準）

仮説が棄却されるのは、その仮説のもとで「起こりにくい確率 α」とされることが標本調査の結果、「起きた！」ときである。本当は仮説（棄却したい仮説）が正しいときでも、偶然、標本調査の結果がこの棄却域に入ることは確率 α で起こりうる。それなのに「棄却域に入ったから仮説を棄却する」わけだから、第一種の誤り（うっかり）を犯す確率は、ちょうど棄却域部分の確率 α と考えられる。この確率 α は**危険率**（または、**有意水準**）と呼ばれている。

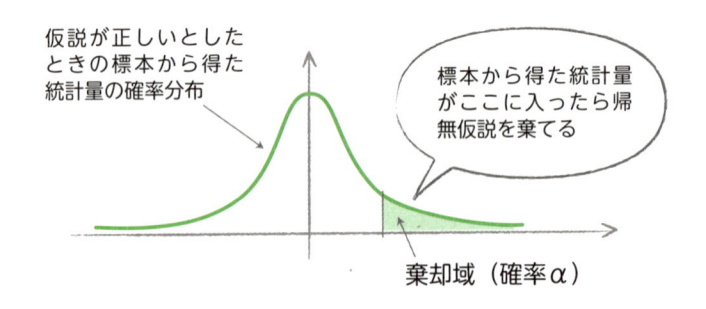

仮説が正しいとしたときの標本から得た統計量の確率分布

標本から得た統計量がここに入ったら帰無仮説を棄てる

棄却域（確率 α）

答 ②

問題 66

平均寿命80歳、あなたの平均余命はいくつか？

2013年の日本人の平均寿命は男性80.21歳、女性86.61歳で、いずれも過去最高を更新し、男性がはじめて80歳を超えた（厚生労働省調べ）。これを知った55歳の太郎さんは「僕に残された人生は『80 − 55 = 25』で、余命は25年か」と複雑な表情でつぶやいていた。さて、この計算は正しいだろうか？

① 間違い。25年より長い
② 25年で正しい（太郎君が25年後に亡くなるということではなく、統計平均で）
③ 間違い。25年より短い

あと25回、桜を見たら終わりか

55歳

財産分与を考えてもらわないと

解説 66

「平均寿命」とは「0歳児の平均余命」のことである。つまり、「2013年に生まれた男の赤ちゃんは、平均すると80年生きますよ」と言うことだ。したがって、「80 − 55」が太郎君の平均余命とは言えない。

そこで、各年齢の平均余命（2013年度）の算出方法を紹介しよう。まず、各年齢における死亡率 r を、調査したデータから算出する。つまり、n 歳の人の2013年度の死亡率 r_n を次の式から求める。

$$r_n = \frac{2013 \text{年に死亡した} n \text{歳の人の数}}{2013 \text{年に生存した} n \text{歳の人の数}}$$

この死亡率 r_n をもとに0歳児を10万人として、各年齢ごとの生存者数の推定値をそれぞれ算出し、さらに各年齢の平均余命も計算する。実際の計算はかなりたいへんだ。

そこで、各年齢の平均余命を算出して表にしたものが簡易生命表である（付録1参照）。

この表によると、55歳の平均余命は27.44歳となり、太郎さんの計算より2.44歳長くなる。55歳まで生きてきたという事実をもとに余命を算出したのだから、長くなっても不思議ではない。そうでないと、平均寿命を過ぎた100歳の人は「20年前に死んでいるはずだけど」ということになりかねない。

答 ①

問題 67

「1等が出ました」という宝くじ売り場で買うと当たりやすいのは本当か？

　宝くじの販売店では「3億円が出ました！」といった看板を出して、お客を呼び込んでいる。西銀座では長蛇の列ができている。でも、当たりくじの出た売り場で買うと、宝くじはホントに当たりやすくなるのだろうか？ 統計的に考えてほしい。

① 当たりやすい。2度あることは3度ある。統計の常識
② どこの売り場でも変わらない
③ むしろ当たりにくくなる。2匹目のドジョウはいない

この看板の意味はどういうことだろう？

解説 67

　人通りの激しい駅前の宝くじ販売店で「この店で1等が出ました」とか「1000万円が出ました」などの看板を見かけることがある。気になるのは、この看板の意図である。数学的に考えてみると、1等が出たことと、今後この店で購入した宝くじが当たることとは関係があるとは思えない。

　もし、関係があれば大変である。宝くじの抽選方法がイカサマかもしれないからだ。そもそも、繁華街の店で当たりくじが出やすいのは当たり前。販売数が多いのだから、当たりの数も比例して多くなる。「当たる確率」が高まるわけではない。ただ、ランダム現象では結果として偏りが生じることは下図を見てもわかる。これは、確率 0.05 で緑丸を、確率 0.95 で白丸を平面上にデタラメに描いたものである。ただ、将来、どこに偏るかはわからない。もちろん、縁起を担ぎたいのであれば、その行為は否定しない。

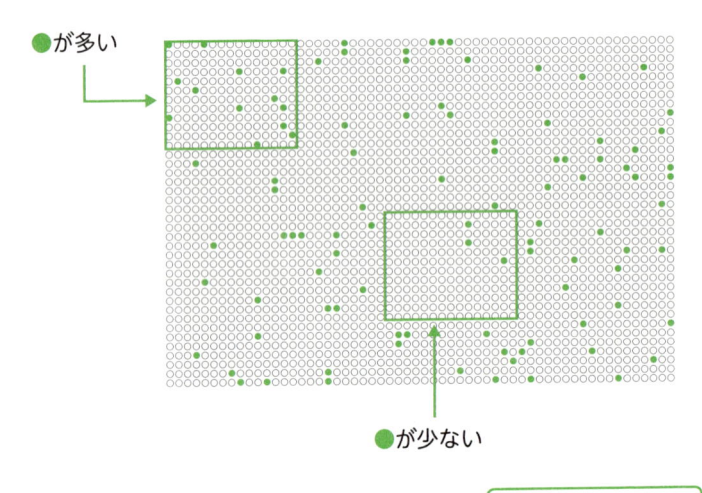

●が多い

●が少ない

答 ②

問題 68

研修会が有意義か否かは、どうやって判定する？

　全国に店舗を持つ大手百貨店の経営者は悩んでいた。最近、客足が遠のいたのは、従業員の接客態度に問題があるのではないか。そこで、全従業員に接客マナーの研修を受けさせたいのだが、まずは一部の従業員に研修を受けさせて、その効果を確かめることにした。その従業員をどのようにして選び、確かめたらいいだろう？　次の①～④から適当なものを選んでほしい。

① 希望者に研修を受けさせ、その後、彼らの売上成績を過去の成績と比べる
② 各支店の上司に人選を任せ、その後、彼らの売上成績を過去の成績と比べる
③ 従業員全体から研修会に参加する人々と、参加しない人々をランダムに選び、その後、2グループの売上成績を比較する
④ 従業員から研修参加を希望する人々と、希望しない人々を選ぶ。希望する人々には研修会を受けさせ、他方は何もせず、その後、2グループの売上成績を比較する

解説 68

　この種の問題の始まりは、医療の世界である。新たな治療の効果を実験で調べるのに、まずは被験者をランダムに2つのグループに分ける。このことを**ランダム化（無作為化）**と言う。新たな治療を行なうグループ（**介入群**）と、介入群と異なる治療（従来の治療など）を行なうグループ（**対照群**）に分ける。

　その後、病気の治癒率などを比較し、介入、つまり新しい治療の効果を検証する。これを**ランダム化比較実験法**と言う。ここで大事なのは、**ランダム化**を行なうことにより、被験者を恣意的に介入群と対照群に割り振る可能性を排除し、公平化することである。新たな治療に効果がありそうな人を介入群に、そうでない人を対照群に配置した結果、治癒率に違いが生じたとしても、純粋に新しい治療の効果とは言い難いからである。

　つまり、介入以外の条件が等しくなければ、因果関係が正しくわからない。この理論はロナルド・フィッシャー（英：1890～1962）によって確立されたものであり、理論は極めて単純。医療関係以外の色々な分野でも活用され、強力な武器となっている。

　①④では、研修を受けたい人は、もともと接客態度の向上意欲のある人であるため、その後の評価では研修そのものの効果とは別な要素が含まれる。したがって、すべての従業員に当てはまるかどうか疑問である。②は上司の恣意的な人選になる。

答 ③

統計的センスをホンモノにする

上級編

★★★

本章でも、クイズのテーマの多くは、普段、経験している身近な統計現象に関するものです。上級編というと難しそうですが、専門的なことではありません。

　内容的には、現在、よく使われている推測統計学や、最近人気のベイズ統計学の初歩的なものです。
　また、「経済学＋心理学」の趣を持つ行動経済学も扱っています。統計学の出発点ともなった歴史的なクイズもあります。

　解けた、解けなかった…よりも、統計的な考え方に「なるほど！」と得心が行くことのほうが大切です。

　この上級編のクイズを終えて、「統計思考」を身につけることができたら、あなたの統計判断はホンモノになっていることでしょう。

問題 69

3回中2回表が出たコイン、
4回目はどちらに賭けるべき？

　ここに、1枚のコインがある。3回投げたら、そのうち2回が表だった。これから4回目を投げるが、あなたは表裏のどちらに賭ける？ これによって人生が決まる大事な賭けである。ポイントを見逃さず、じっくりと考えよう。

① 3回中2回の実績があるので、表が出るほうに賭ける
② 裏が出るほうに賭ける。次は裏だ
③ どちらでもよい

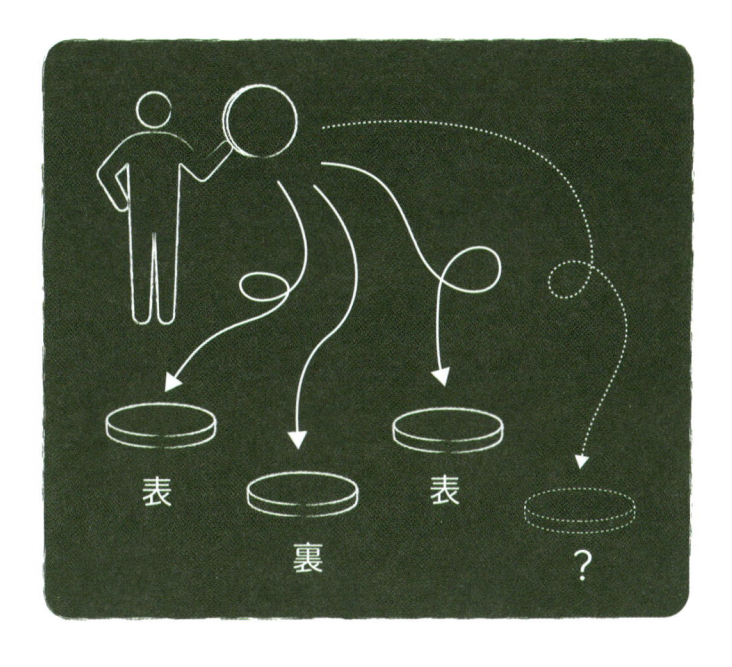

解説 69

「答えは③だ。3回目までの結果に関係なく、4回目は決まる。表、裏の出る確率はともに 1/2。よって、どちらに賭けても当たる確率は同じさ」と即答した人はいないだろうか。

その人は、重要なポイントを見落としている。普通なら「表と裏が出ることが同様に確からしいコイン」という但し書きがあるはずだが、この問題にはそんな条件は1つも書かれていない。

実際問題として「表と裏が同程度に出る理想のコイン」なんて、まず存在しない。この問題のコインは表の面がすごく重く、裏の面が軽く作られているのかもしれない。いま、コインについての情報は「3回中2回表が出た」というものだけ。この前提だけで判断するとしたら、次の考えはどうだろうか。

コインの表が出る確率を x とする。すると、3回中2回表が出る確率 P は、各回の試行が独立。つまり、各回が他の回に影響を与えないとすると次のように書ける。

$P = kx^2(1 - x)$ ※　ただし、k は正の定数

この P は右図より $x = 2/3$ のとき最大となる。つまり、「3回中2回表」という現象は、$x = 2/3$ のとき一番起きやすいのである。したがって、$x = 2/3$ と考えて4回目は表が出ると賭けるべきである。世の中では、「一番起こりやすいことが起きている」と考えるのである。

※これを尤度関数と言う。尤は「もっとも」という意味である。

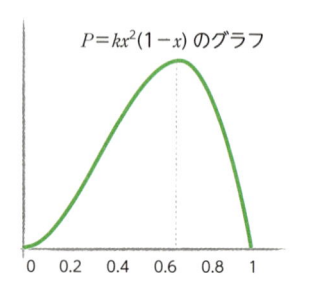

$P = kx^2(1-x)$ のグラフ

答 ①

問題 70

技量伯仲の2人、2勝と1勝で試合が中断。賭金はどう分ける？

「A、Bの2人が賭金1万円ずつでゲームをし、先に3勝したほうが賭金2万円を総取りすることに。ところが、Aが2勝、Bが1勝したところで、ゲームを中止しなければならなくなった。このとき賭金2万円をどう分配したら合理的か。ただし、2人の技量は同等とし、引き分けはないものとする」

この問題に対して、パスカルとフェルマーは書簡をやり取りしながら答えを出したという。これが、確率論のルーツと言われている。あなたなら、どういう結論を出す？

① Aに2万円の2/3、Bに2万円の1/3
② Aに1万円、Bに1万円（1：1＝技量伯仲だから）
③ Aに1万5000円、Bに5000円（3：1）
④ Aに1万2000円、Bに8000円（3：2）
⑤ Aに2万円、Bに0円（Aが途中まで勝っているから）

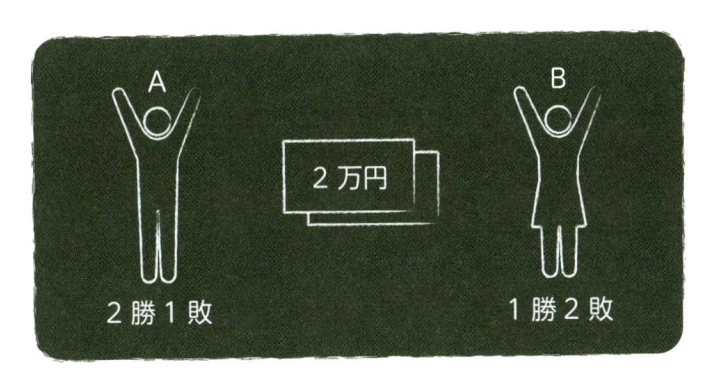

解説 70

　現代ならば、小学生でも合理的な答えを考え出すが、当時はまだ確率の考え方が確立されていなかった。以下に、17世紀の天才数学者であるパスカルとフェルマーの考え出した答えを紹介しよう。

　2人の技量は同等なので、AとBの勝つ確率はともに1/2である。すると、中断しないで試合を続けたとすれば、多くとも第5試合で試合の決着はつき、そのパターンは下図のようになる。

（3試合終了）　（仮想4試合目）　（仮想5試合目）

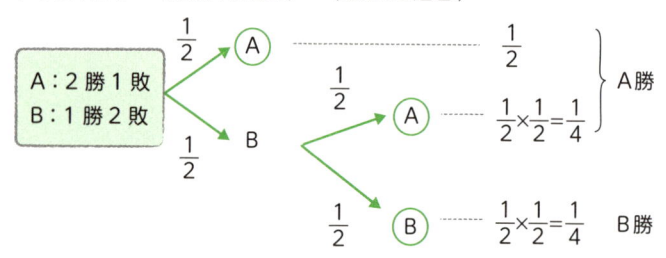

```
                    1/2  Ⓐ ············  1/2        ┐
┌─────────┐  ───→                                   │ A勝
│ A：2勝1敗 │       1/2                              │
│ B：1勝2敗 │  ───→  B      1/2  Ⓐ ··· 1/2×1/2=1/4  ┘
└─────────┘       1/2
                              1/2  Ⓑ ··· 1/2×1/2=1/4  B勝
```

　したがって、Aの勝つ確率は $\dfrac{1}{2} + \dfrac{1}{4} = \dfrac{3}{4}$、Bの勝つ確率は $\dfrac{1}{4}$

　よって、賞金を3：1に配分するのが合理的としたのである。

　パスカルは数学だけでなく、物理の分野でも業績を残した（パスカルの原理や気圧の単位などで知られる）。さらに、「人間は考える葦である」などの名言も残している。

　フェルマーも優れた数学者で、「フェルマーの最終定理（3以上の自然数で $x^n + y^n = z^n$ となる自然数の組 (x, y, z) は存在しない）」が、フェルマー以来360年を経た1994年に証明されたことは、社会的にも有名である。

答 ③

問題 71

「明日の百より今日の五十」、あなたならどう動く？

　表題のことわざの解釈は「あてにならないもの（明日）に期待をかけるより、多少は悪くとも確実なもの（今日）のほうがよい」というものだ。しかし、不確実だとしても、明日、高い確率で100を得られるのであれば話は別である。そこで、質問を次のように変えてみることにする。

　選択肢A：今日ならば確実に50万円もらえる。
　選択肢B：明日ならば、確率0.5で100万円、確率0.5で0円
　　　　　もらえる

　さて、多くの人は①〜④のどれと考える？

① 選択肢Aを選ぶ（50万円）
② 選択肢Bを選ぶ（100万円か、0円かに賭ける）
③ どちらを選んでも同じことだ
④ その人の性質によって選択が分かれることだ

僕は一か八か100万円に賭けるよ

解説 71

　不確実な状況下では、人間は確率の期待値計算を根拠に判断するとは限らない。それぞれが効用の関数を持っていて、その期待値である期待効用にもとづいて判断すると言う（**期待効用論**）。

　前ページの質問を整理して考えてみよう。このとき、どちらの場合でも確率から算出される期待値は50万円である。したがって、確率の計算上は、どちらを選んでも損得はない。

　しかし、実際には、人は「期待効用」をもとに次の選択をする。
- 期待効用が50万円より低い人は危険回避的でAを選ぶ。
- 期待効用が50万円の人は危険中立的でどちらも可。
- 期待効用が50万円より高い人は危険愛好的でBを選ぶ。

　人は確率の期待値で判断するわけではないのだ。さらに、他の例を挙げてみよう。

[例]

　選択肢A　確率1で100万円もらえる　……期待値100万円
　選択肢B　確率0.9で100万円、確率0.01で0円、
　　　　　　　確率0.09で300万円もらえる　……期待値117万円

　Bのほうが期待値は高いが、多くの人がAを選ぶ。確実に100万円もらえるならば、わずかな確率であっても、賞金をもらえないリスクを負ってまで300万円に挑戦しようとは思わない。

[例]

　選択肢A　確率1で100万円もらえる　……期待値100万円
　選択肢B　確率0.3で500万円、確率0.7で0円……期待値150万円

　この場合、判断が分かれるところである。賞金よりも確実性を好む人はAを選び、危険愛好的な人はBを選ぶ。

答 ④

問題 72

4個中1個が緑玉であるとわかったとき、全部が緑玉である確率は？

白と緑の合計4個の玉の入った袋からデタラメに1個取り出したら緑玉であった。このとき袋の中に緑玉が4個入っている確率を求めるとしたら、あなたの答えは次のどれだろう。もちろん、統計的な根拠を持って考えよう。

① 1/2　　② 1/4　　③ 1/5　　④ 2/5　　⑤ 1/3　　⑥ 2/3

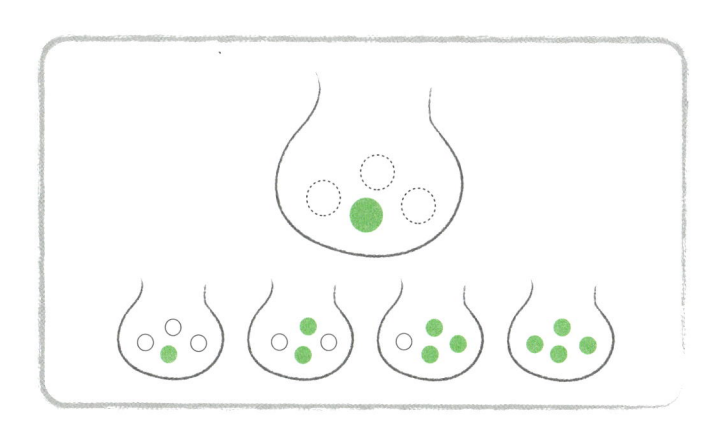

どう考えればいいか、皆目見当がつかない!!

解説 72

袋の中には緑玉が1個、2個、3個、4個の4つの可能性があるので、それぞれの袋に A、B、C、D と名づける。また、緑の番号は緑玉とする。

| ①②③④ | ①②③④ | ①②③④ | ①②③④ |
| 袋A | 袋B | 袋C | 袋D |

この袋から1個を取り出すとき、その取り出し方は次の16通りである。ここで、4つの袋 A、B、C、D の可能性（存在確率）が同等であるとすれば、これら16通りの起こる確率は同等と考えられる。

Aの①	Bの①	Cの①	Dの①
Aの②	Bの②	Cの②	Dの②
Aの③	Bの③	Cの③	Dの③
Aの④	Bの④	Cの④	Dの④

次に、袋から1個取り出したとき、それが緑玉であるという事象（事柄）を G とする。すると、下図からわかるように事象 G の要素の数は10個ある。そのうち、袋 D から緑玉が取り出されるのは4通り。

Aの①	Bの①	Cの①	Dの①
Aの②	Bの②	Cの②	Dの②
Aの③	Bの③	Cの③	Dの③
Aの④	Bの④	Cの④	Dの④

← G

したがって、袋の中が全部緑玉、つまり、袋 D である確率は 4/10（= 2/5）となる。ちなみに、袋が A、B、C である確率は順に 1/10、2/10、3/10 となる。

答 ④

問題 73

1000人対象の世論調査、1ポイントのアップに意味はあるか？

　ＲＤＤによる世論調査では、実質1000人前後の意見を集約して世論の動向を発表している。しかし、気になることがある。例えば、「ＲＤＤにより1000人を調査したところ、内閣の支持率が48％から49％へ１％増加」というマスコミの表現である。1000人を対象にした調査で、本当に１ポイントの違いを論評できるのだろうか？

① 1000人もいるから１ポイントの違いを論評できる
② 1000人しかいないから１ポイントの違いは誤差のうち

そんなの誤差のうちじゃないの？

| 解 | 説 | 73 |

統計学の比率の推定という考え方を用いると、標本から算出された比率（標本比率）が r のとき、母比率 R は信頼度95％で次の区間に入っていることになる。

$r - e \leq R \leq r + e$ …①

ただし、$e = 1.96\sqrt{\dfrac{r(1-r)}{n}}$ …② 、n は標本の大きさとする。

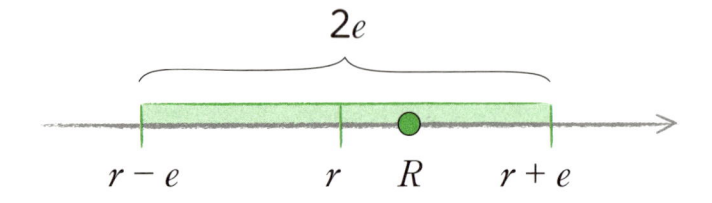

したがって、実際の比率 R と標本比率 r の差（誤差）の限界は e ということになる。ここで、$r = 0.48$、$n = 1000$ とすると、
$e = 1.96\sqrt{0.48(1 - 0.48)/1000} = 0.031$

よって、標本比率 r=0.48 をもって、実際の比率の推定値とみなしたとき、最大3％ぐらいの誤差となる。つまり、2～3ポイントの違いを述べ立てても意味がない。r と n によって e の値は変化するが $n = 1000$ のときは e の最大値は 0.031（P180参照）となる。したがって、1000人前後の世論調査では最大3％前後の誤差はあると思ったほうがよいので、1％の違いは誤差のうちである。

これは、3ミリ単位でしか計れない物差しで1ミリの大小を論じているようなものである。統計を使った表現は説得力が強いので発表には十分注意すべきである。

（注）上記はあくまでも確率的な判断であり、まれではあるが誤差がもっと大きくなることが起こりえる。

答 ②

<参考>使ってみよう統計的推定の公式

標本調査のデータを新聞やニュースなどで入手したとき、自分で母集団の比率（母比率）や平均値（母平均）を区間推定する公式を紹介しておこう。

（1）母比率の推定

母集団における、ある特性が占める比率、つまり母比率 R は次の式で区間推定できる。

標本比率を r とするとき、

信頼度 95%　$r - 1.96 \times \sqrt{\dfrac{r(1-r)}{n}} \leqq R \leqq r + 1.96 \times \sqrt{\dfrac{r(1-r)}{n}}$

信頼度 99%　$r - 2.58 \times \sqrt{\dfrac{r(1-r)}{n}} \leqq R \leqq r + 2.58 \times \sqrt{\dfrac{r(1-r)}{n}}$

（注）標本の大きさ n はある程度大きいものとする。

[例]

ＲＤＤによって1800人から得た回答では、46％が現内閣を支持していることがわかった。そこで、このデータをもとに日本全体における内閣の支持率を区間推定してみよう。

[答]

信頼度 95% の場合

$$0.46 - 1.96\sqrt{\dfrac{0.46(1-0.46)}{1800}} \leqq R \leqq 0.46 + 1.96\sqrt{\dfrac{0.46(1-0.46)}{1800}}$$

つまり、信頼度 95% で　$0.44 \leqq R \leqq 0.48$

信頼度 99% の場合

$$0.46 - 2.58\sqrt{\dfrac{0.46(1-0.46)}{1800}} \leqq R \leqq 0.46 + 2.58\sqrt{\dfrac{0.46(1-0.46)}{1800}}$$

つまり、信頼度 99% で　$0.43 \leqq R \leqq 0.49$

(2) 母平均の推定

母集団の平均値 μ は次の式で区間推定できる。

信頼度 95%　$\overline{X} - 1.96 \times \dfrac{s}{\sqrt{n}} \leqq \mu \leqq \overline{X} + 1.96 \times \dfrac{s}{\sqrt{n}}$

信頼度 99%　$\overline{X} - 2.58 \times \dfrac{s}{\sqrt{n}} \leqq \mu \leqq \overline{X} + 2.58 \times \dfrac{s}{\sqrt{n}}$

ただし、標本の大きさ n は 30 以上、
$\overline{X}$ は標本平均、s は不偏分散 s^2 から求めた標準偏差

(注) 不偏分散については問題 51 参照。なお、n が 30 よりも小さいときは t 分布を用いた区間推定をする方法がある。

[例]

ＲＤＤによって日本全国のサラリーマン 1000 人から得た回答では、月々のお小遣いの平均値は 39500 円で、不偏分散は 11000^2 であることがわかった。これをもとに日本のサラリーマンのお小遣いの平均値を区間推定してみよう。

[答]

信頼度 95% の場合

$39500 - 1.96 \dfrac{11000}{\sqrt{1000}} \leqq \mu \leqq 39500 + 1.96 \dfrac{11000}{\sqrt{1000}}$

つまり、信頼度 95% で　$38800 \leqq \mu \leqq 40200$

信頼度 99% の場合

$39500 - 2.58 \dfrac{11000}{\sqrt{1000}} \leqq \mu \leqq 39500 + 2.58 \dfrac{11000}{\sqrt{1000}}$

つまり、信頼度 99% で　$38600 \leqq \mu \leqq 40400$

問題 74

A〜Cの3箱中1箱に賞金がある。Aを選んだ後、Cが空と判明。判断を変えるべき？

いま、A、B、Cのいずれか1つの箱に賞金が入っている。回答者が箱Aを選択したところ、賞金の入った箱を知っている出題者は賞金の入っていない箱Cを開けた。そして、回答者に選択をAからBに変えてもいいよ、と言う。回答者は箱を変えないほうが得なのか、それとも変えたほうが得なのか？

① 変えたほうが得
② 変えないほうが得
③ 確率は同じなので、変えても変えなくても影響はない

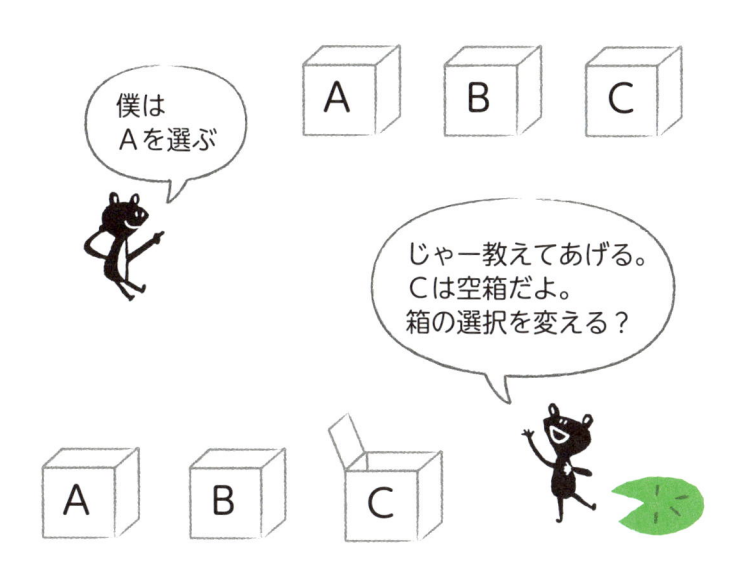

解説 74

　多くの人は「確率は 1/2 であり、回答者は箱の選択を変えても変えなくても同じだ」と考えてしまう。はたしてそうだろうか。

　最初の段階では、A、B、Cの箱に賞金が入っている確率は皆同じ 1/3 である。したがって、「箱Bまたは箱C」に賞金が入っている確率は 1/3 + 1/3 = 2/3 である。

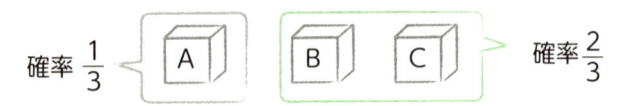

確率 $\frac{1}{3}$ 　A　　　B　C　　確率 $\frac{2}{3}$

出題者が箱Cは空であると教えてくれた。この瞬間、箱Bに賞金が入っている確率は 2/3 となる。

確率 $\frac{1}{3}$ 　A　　確率 $\frac{2}{3}$ 　B　　C

つまり、箱Aに入っている確率の2倍である。これは、ある情報がわかったとき、判断を変えるべきかどうかという問題で、**ベイズ的意志決定**の問題と言われている。

　しかし、こう説明しても納得できない人が少なくない。その人は友達と2人で次の遊びをしてみるとよい。

＜遊び＞
　相手に出題者になってもらい、自分が回答者になる。相手に 100 回出題してもらい、自分は最初に選んだ箱をいつも変えて回答する。すると、100 回の 2/3 ぐらい当たることがわかるはずである。箱を使わずに、3枚のトランプ（1枚当たりとする）でもこの実験はできる。

答 ①

問題 75

2回で100問のテスト。B君は個々の正答率で負けても、A君に総合点で勝てる?

　A君とB君が2回合わせて100問解くテストがある。ただし、1回目、2回目で解く問題数の内訳は、各自で決めることができる。1回目、2回目のいずれのテストでもA君のほうが正答率でB君より上回った。にもかかわらず、「全体100問の正答率でB君がA君に勝つ」ことはあり得るのか？

① まったくあり得ない
② 十分あり得る

私は1回目に20問だけ受ける。残り80問は2回目に受ける。

私は1回目に70問だけ受ける。残り30問は2回目に受ける。

解説 75

　もし、A君とB君が1回目も2回目もともに「同数の問題」を受けるのであれば、当然、2回とも正答率の高いA君のほうが全体100問でもB君に勝つのは自明である。ところが、前ページの問題では「1回目、2回目の解く問題数の内訳は各自で決めることができる」とある。これが悩みどころである。そこで、次の例を作ってみた。

	A君	B君
1回目	20問中16問正解	70問中42問正解
(正答率)	80%	60%
2回目	80問中24問正解	30問中3問正解
(正答率)	30%	10%
総合成績	100問中40問正解	100問中45問正解
(正答率)	40%	45%

　1回目について、A君は20問選択して16問正解だから正答率は80%、B君は70問選択して42問正解だから正答率は60%である。したがって、A君のほうが正答率が高い。

　2回目について、A君は80問選択して24問正解だから正答率は30%、B君は30問選択して3問正解だから正答率は10%である。したがって、2回目もA君のほうが正答率が高い。

　しかし、総合成績については、A君は100問中、16+24 = 40問正解だから正答率は40%、B君は100中、42+3 = 45問正解だから正答率は45%。したがって、1回目、2回目とも正答率が高かったA君より総合成績ではB君のほうが高くなっている。

答 ②

問題 76

1億2000万人の日本人の調査。サンプル数は1000人で足りる？

　全数調査は時間とコストがかかり過ぎる。そこで、ランダムに取り出したサンプル（標本）を調べて全体を推し量る統計手法が使われる。これがアンケート調査であり、その際、使われるサンプルのサイズは1000人前後であることが多い。さて、日本人全体についての質問が1000人のアンケートで足りるのだろうか？

① 母集団の10％、この例では1000万人は必要
② 母集団の1％、この例では100万人は必要
③ 期待する精度によるが、通常は1000人で大丈夫

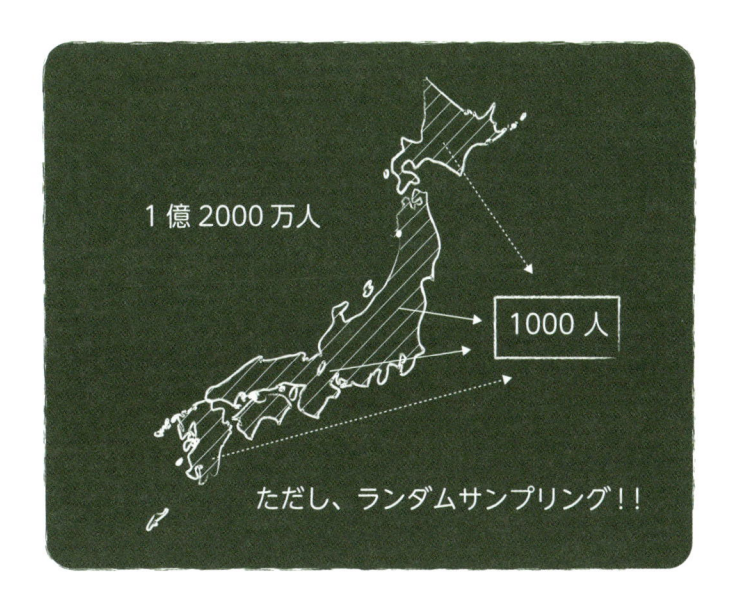

1億2000万人

1000人

ただし、ランダムサンプリング！！

解説 76

統計学の比率の推定という考え方を用いると、標本から算出された比率（標本比率）が r のとき、実際の比率（母比率）R は信頼度 95％で次の区間に入っていることになる。

$$r - e \leqq R \leqq r + e \quad \cdots ①$$

ただし、$e = 1.96\sqrt{r(1-r)/n}$、n は標本の大きさとする。

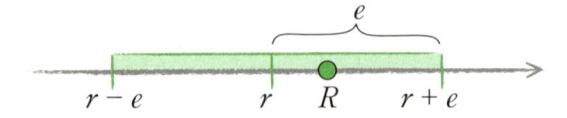

```
         r-e    r   R   r+e
              ←――e――→
```

ここで、①の e は、**おおもとの集団**（1億2000万人の母集団）**の大きさに関係なく標本の大きさ n と標本比率 r のみで決まっている。** そこで、n と r を変化させたときの e を算出してみたのが下表である。

r \ n	50	100	200	400	1000	5000	20000	100000
0.05	0.060	0.043	0.030	0.021	0.014	0.006	0.003	0.001
0.1	0.083	0.059	0.042	0.029	0.019	0.008	0.004	0.002
0.2	0.111	0.078	0.055	0.039	0.025	0.011	0.006	0.002
0.3	0.127	0.090	0.064	0.045	0.028	0.013	0.006	0.003
0.4	0.136	0.096	0.068	0.048	0.030	0.014	0.007	0.003
0.5	0.139	0.098	0.069	0.049	0.031	0.014	0.007	0.003
0.6	0.136	0.096	0.068	0.048	0.030	0.014	0.007	0.003
0.7	0.127	0.090	0.064	0.045	0.028	0.013	0.006	0.003
0.8	0.111	0.078	0.055	0.039	0.025	0.011	0.006	0.002
0.9	0.083	0.059	0.042	0.029	0.019	0.008	0.004	0.002
0.95	0.060	0.043	0.030	0.021	0.014	0.006	0.003	0.001

$n = 1000$ に着目すると、$r = 0.5$ のとき、e は最大 0.031 であることがわかる。したがって、1000人も抽出すれば、そこから得た標本比率 r と母比率 R との誤差は高々 3.1％である。したがって、誤差の限界がこの程度でよければ、実質 1000人にアンケートをとれば十分である。

答 ③（ただし、最大 3％ぐらいの誤差がある）

問題 77

雨の降る日が「特定の曜日」に偏っているかどうかは判定できる？

ある都市の降水日数（1ミリ以上）は年間112日。曜日ごとの降水日数は下表の通りであった。

	日曜日	月曜日	火曜日	水曜日	木曜日	金曜日	土曜日	合計
降水日数	15	16	17	14	15	16	19	112

表を見ると、土曜日は水曜日より3割以上も雨が多い。このことから、この都市における雨の降り方は「特定の曜日に偏っている」と言えるだろうか？

① 3割以上も多い曜日があるので、偏っている
② この程度の差では偏っているとは言えない

3割以上も多いと、違いが実感できるが……

| 解 | 説 | 77 |

曜日によって、雨が降りやすい、降りにくいなんてことがあるのだろうか。悩んでみても結論は出ない。

7日ごと　7日ごと

ここでは、「雨の降り方が特定の曜日に偏っているかどうか」を、統計学の「**適合度の検定**」で調べてみることにする。

そのためには、「雨は曜日に関係なく均等に降る（曜日に無関係）」と仮定する。この仮定に名前をつけてHとしよう。もし、仮定Hのもとで「前ページのようなデータは異常だ。つまり、確率的に起こりにくいことが起きている！」ということであれば、いま立てた「曜日に無関係」という仮定Hを棄てる。また、もし仮定Hのもとで前ページのデータが「確率的に起こっても何ら不思議ではない」となれば、仮定Hを受容する（認める）。

それでは、「適合度の検定」を進めることにする。「雨が曜日に無関係に均等に降る」という仮定Hのもとでは、どの曜日も均等に雨が降るはずなので、各曜日の雨の日数は理論的には $112 \times 1/7 = 16$ 日ずつとなる。これは理論度数（期待度数）と呼ばれる。

	日曜日	月曜日	火曜日	水曜日	木曜日	金曜日	土曜日	合計
観測度数	15	16	17	14	15	16	19	112
理論度数	16	16	16	16	16	16	16	112

これと実際の雨の度数（観測度数）に着目し、次の統計量Ｔを考える。すると、Ｔは観測する年によって色々な値をとるが、その分布は自由度６（＝曜日７－１）のχ^2分布に従うことが知られている（下図）。

$$T = 各曜日の \frac{(観測度数 - 理論度数)^2}{理論度数} の総和 \quad \cdots\cdots \quad ①$$

　①のＴの値は、実際の雨の降り方が曜日に関係なくほぼ均一に降るときは（観測度数－理論度数）が０に近い小さな値になる。χ^2分布は、このようなことがよく起こることを示している。雨の降り方が曜日によって偏りがあれば、①式の分子の（観測度数－理論度数）は０とかけ離れた値になり、さらに、この値を２乗するので、ますます大きくなる。したがって、①のＴの値も大きくなる。χ^2分布は、このような確率が小さいことを示している（下図）。

　「起こりにくいこと」「稀なこと」の１つの基準として、統計学では確率 0.05 をよく採用する。自由度６のχ^2分布の場合、「Ｔの値が 12.6 以上になる確率は 0.05」となる。５％以下だ。したがって、観測データから得たＴの値が 12.6 以上であれば、仮定Ｈのもとでは「起こりくいことが起きた」として、仮定Ｈは棄てることにする。そうでなければ受容することにする。

　実際に、クイズのデータを①に入れて計算すると１になる。

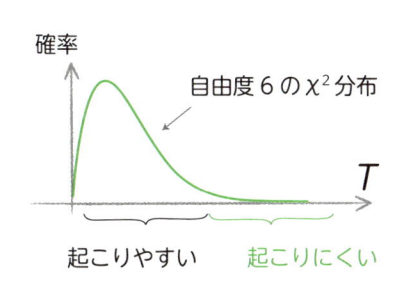

$$T = \frac{(15-16)^2}{16} + \frac{(16-16)^2}{16} + \frac{(17-16)^2}{16}$$
$$+ \frac{(14-16)^2}{16} + \cdots + \frac{(19-16)^2}{16} = 1$$

これは、自由度6のχ^2分布のもとでは、起こりにくいこととは言えない。したがって、仮定Hは棄てられない。つまり、この程度の違いでは、雨が曜日に偏って降ったとは言えない、ということだ。

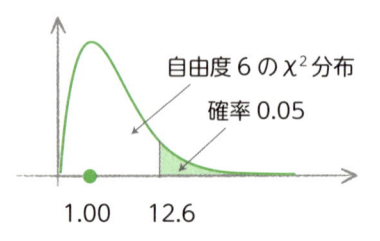

自由度6のχ^2分布
確率0.05
1.00 12.6

<参考>帰無仮説と対立仮説

本節では、「雨の降り方は特定の曜日に偏っている」と思えたので「曜日に無関係に雨が均等に降る」という仮説（hypothesis）を立てて、これが妥当かどうか検定した。統計学では、検定する立場の人が正しいと思っている仮説を「**対立仮説**」、おかしいと思っている仮説を「**帰無仮説**」と言う。この例では次のようになる。

- 対立仮説：雨の降り方は特定の曜日に偏っている
- 帰無仮説：曜日に無関係に雨が均等に降る（偏っていない）

入手したデータを帰無仮説のもとで検討したとき、そのデータが起こりにくいこと（起こる確率が小さいこと）と判断されれば、帰無仮説を棄て、対立仮説を採用する。

もし、入手データが帰無仮説のもとでは起こっても珍しくない（確率が小さくない）と判断されれば、帰無仮説は棄てない（受容する）。通常、対立仮説をH_1、帰無仮説をH_0で表す。

答 ②

問題 78

2人の子供のうち1人が男子、残りが女子である確率は？

　ある家族には、子供が2人いることはわかっている。あるとき、その中に男の子が1人いることが判明した。すると、このとき、残りの1人が女の子である確率はどのくらいだろうか。

① 1/2
② 1/2 より大きい
③ 1/2 より小さい

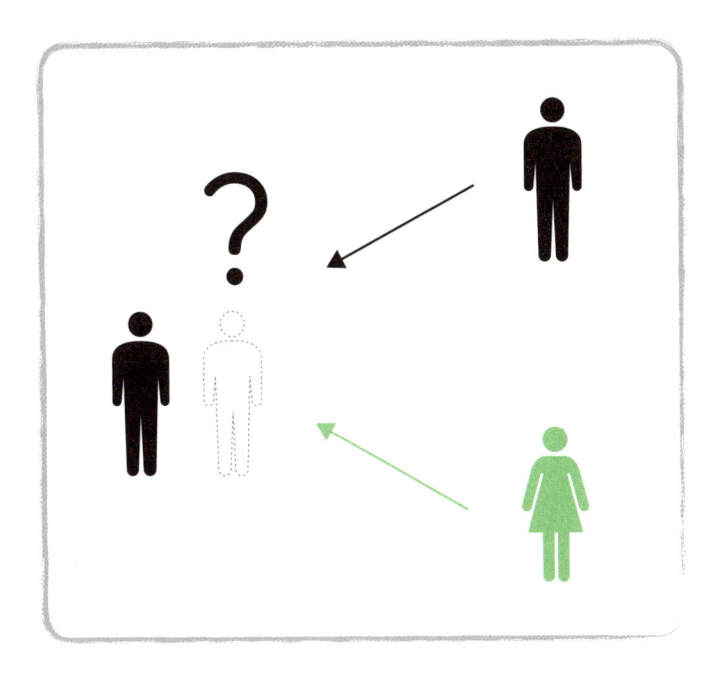

解説 78

　多くの人は 1/2 と答えるようである。だって、残りの 1 人は男子か女子で、その可能性は同じだからと。はたしてそうだろうか。この問題の大事なところは、「子供が 2 人いる」ということである。男子と女子が公平に生まれてくるものとすれば、「子供 2 人」の可能性としては（男、男）、（男、女）、（女、男）、（女、女）の 4 通りが考えられる。（男、男）、（男、女）、（女、女）の 3 通りではない。

　これら 4 通りはすべて同様に確からしい、と思われる。しかし、1 人が男子と判明した後では、すでに（女、女）の可能性は 0 だ。すると、残る可能性は（男、男）、（男、女）、（女、男）の 3 通りであり、これらは同様に確からしいと考えられる。

可能性なし

　したがって、残る 1 人が女の子である確率は 3 通り中 2 通りだから 2/3 となる。
　確率論では、上記の考え方を「条件つき確率」という。「子供 2 人のうちに男子がいる」という条件のもとで、確率を考えるわけである。この「条件つき確率」の考え方を発展させたものが、最近になって急激に人気が上昇したベイズ理論である。

答 ②（2/3 なので）

問題 79

ミルクティーとティーミルクの飲み分け真偽、判定できる？

　20世紀初頭、ケンブリッジでのアフタヌーンティー。ある婦人が次のように言ったという。「紅茶にミルクを注ぐのと、ミルクに紅茶を注ぐのとでは、味が違うのよ。私はそれを区別できるわ」。

　参加者の多くは、「そんなバカな。混ぜてしまえば同じだよ」と考えたが、そこに居合わせた髭の小男が実験を試みた。

　さて、この飲み分けに10回中9回以上成功したとしよう。すると、この婦人は2つの飲み物を飲み分けていると判断してよいだろうか？

① 驚異的な的中率だ、味を見分けていると判断してよい
② このくらいでは、まだ何とも言えない
③ いやいや、飲み分けているとは言えない。まぐれの要素がある

ティーミルク	ミルクティー	ミルクティー	ティーミルク	ティーミルク	……
当たり	当たり	当たり	当たり	当たり	

解説 79

　実験内容を検討した結果、紅茶にミルクを注いだティーミルクと、ミルクに紅茶を注いだミルクティーのカップを"ランダムに"10杯用意し、婦人に飲み分けてもらうことにした。

　1杯目は正しく違いを言い当てた。ただし、本当は飲み分けられなくて、当てずっぽうで言ったとしても、当たる確率は 0.5（= 1/2）である。

　　1回、偶然言い当てる確率 0.5

　次に、2杯目も言い当てた。もし、彼女が当て推量しているなら、こうなる確率は 0.5 を 2 回掛けた 0.25 である。

　　2回とも偶然言い当てる確率 $(0.5)^2 = 0.25$

　さらに、3杯目も言い当てた。当て推量なら、こうなる確率は 0.5 を 3 回掛けた 0.125 である。

　　3回とも偶然言い当てる確率 $(0.5)^3 = 0.125$

　……こうして 10 杯目も言い当てた。当て推量なら、こうなる確率は 0.5 を 10 回掛けた 0.00097 である。これはかなり小さな確率だ。

　　10回とも偶然言い当てる確率 $(0.5)^{10} = 0.00097…$

　ただし、これはパーフェクトのケースなので、クイズ通り、「10

回中9回以上」飲み分ける確率を計算してみよう。つまり、10回中1回までは間違ってもいいよ、という確率である。

まずは、10回中9回正解で、1回間違う確率であるが、それは、次の計算式で得られる。

$${}_{10}C_9 \left(\frac{1}{2}\right)^9 \left(\frac{1}{2}\right)^1 \quad \cdots ①$$

この式は、10回中9回正解になるのは10回中どの9回かで ${}_{10}C_9$ 通りあり、その各々の場合について確率はいずれも $\left(\frac{1}{2}\right)^9 \left(\frac{1}{2}\right)^1$ であることから得られる。${}_{10}C_9$ とは、異なる10個のものから9個選ぶ方法の総数で、${}_{10}C_9 = {}_{10}C_1 = 10$ で表せる。

したがって、①の確率は $10 \times \left(\frac{1}{2}\right)^9 \left(\frac{1}{2}\right)^1 = 10 \left(\frac{1}{2}\right)^{10}$ である。

10回中10回正解で、0回間違う確率は次のようになる。

$${}_{10}C_{10} \left(\frac{1}{2}\right)^{10} \left(\frac{1}{2}\right)^0 = {}_{10}C_{10} \left(\frac{1}{2}\right)^{10} = \left(\frac{1}{2}\right)^{10} \quad \cdots ②$$

したがって、10回中9回以上飲み分ける確率は①、②を足して

$$(10 + 1) \times \left(\frac{1}{2}\right)^{10} = 0.01074$$

となり、これも小さな確率と考えられる。

統計学の検定は、「ある仮定のもとで、起こりにくいことが起きたときは、その仮定を捨てる」という考え方である。すると、この例では、「婦人がデタラメに判断している」のであれば、10回中9回以上も当たる確率は0.01074でしかない。これは、小さな確率なので、非常に起こりにくい。

したがって、デタラメ（当て推量）という仮定を捨て、「ティー

ミルクとミルクティーの味を飲み分けている」と判断することになる。

なお、「婦人が当て推量で判断している」という前提で 10 回中 r 回以上飲み分ける確率を計算すると、右表のようになる。

r	確率
0	1.00000
1	0.99902
2	0.98926
3	0.94531
4	0.82813
5	0.62305
6	0.37695
7	0.17188
8	0.05469
9	0.01074
10	0.00098

＜参考＞ 実験計画法

クイズに登場する髭の小男。彼こそ「現代統計学の創始者」と呼ばれ、実験とその結果を統計的に解析する実験計画法を生み出したロナルド・フィッシャーである。また、分散分析も彼が編み出した統計解析の有名な方法である。

先のクイズの場合、実験すると言っても、カップの数、出す順序、飲み物の温度、婦人に対する実験の説明……、など色々と検討しなければいけない。そこで、彼は、実験計画法で実験の基本的な原則を 3 つ主張したのである。

(ⅰ) 影響を調べる要因以外の要因は、可能な限り一定にする。
(ⅱ) 実験ごとのバラツキの影響を除くため同じ条件で繰り返す。
(ⅲ) 条件を無作為化（**ランダム化**）し、制御できない要因の影響を小さくする。

答 ①

問題 80

多数決で決めても、少数意見が採用されることがあるか？

多数決で決めたことは、「集団を構成する多くのメンバーがよいと判断したもの」のはずである。

では問題。多数決で決めたとき、多くの人が支持していない政党が第1党に選ばれてしまうことがあるか？

① あり得る
② あり得ない

α党は嫌だ!!

α党が好き

多数決選挙では、少数しか支持してないα党が第1党に選ばれることがあるの？

解説 80

次の投票モデルで考えてみよう。表1はα党、β党、γ党の3党に対して、10人の選挙人に、それぞれ好き（○）、嫌い（×）、どちらでもない（△）をつけてもらったものである。

表1

	α党	β党	γ党
A	○	△	×
B	○	△	×
C	○	△	×
D	○	△	×
E	×	○	△
F	×	○	△
G	×	○	△
H	×	△	○
I	×	△	○
J	×	△	○

表2

	α党	β党	γ党
A	○		
B	○		
C	○		
D	○		
E		○	
F		○	
G		○	
H			○
I			○
J			○

もし、この10人全員が選挙に行って指示政党に○をつけると、多数決の結果α党が選ばれることになる（表2）。しかし、表1によるとα党は過半数が指示していない党である。

なお、事情によりγ党が選挙から降りると、表3のように△が×または○に変化し、α党を押さえてβ党が選ばれることもある。

表3

	α党	β党
A	○	△→×
B	○	△→×
C	○	△→×
D	○	△→×
E	×	○
F	×	○
G	×	○
H	×	△→○
I	×	△→○
J	×	△→○

以上からわかるように、多数決の原理では、少数支持しかない政党が第1党になることも十分あり得るのである。このようなことを「投票のパラドックス」と言う。

答 ①

問題 81

開票率1％で なぜ「当確」を出せるのか？

「当確」は、「当選確実」という意味である。開票率1％で早々と「当確」報道をされることがあるが、たった1％でなぜ「当確」を出せるのだろうか？　その理由を考えてほしい。

私「当確」よ!!

まだ開票が始まったばかりなのに「当確」なの？

解説 81

「当確」とは、「かなり高い確率で当選するだろう」という判断である。統計の世界の「高い確率」とは 95％か 99％を指すことが多い。いずれにせよ、100％確実、と言っているワケではないが、「当確」が簡単に取り消されると選挙報道に対する信頼を失う。

統計の世界では「比率の推定」という考え方がある。これを選挙に応用すると次のようになる。

開票数を n とし、その中で立候補者Aの得票率を r とする。すると、立候補者Aの真の得票率 R は信頼度 95％ で次の条件を満たす。

$$r - 1.96 \times \sqrt{\frac{r(1-r)}{n}} \leq R \leq r + 1.96 \times \sqrt{\frac{r(1-r)}{n}} \quad \cdots ①$$

例えば、投票者が 10 万人いて、1000 人分を開票したとき（開票率 1％）、その中での立候補者Aの得票率が 0.6 であれば、①の式は信頼度 95％ で次のことを主張している

$$0.6 - 1.96 \times \sqrt{\frac{0.6(1-0.6)}{1000}} \leq R \leq 0.6 + 1.96 \times \sqrt{\frac{0.6(1-0.6)}{1000}}$$

つまり、$0.57 \leq R \leq 0.63$ ということは、開票率 1％で立候補者Aは「当確」となる。1000 人分のデータを得たから統計学が使えたのだ。なお、開票率 0％で「当確」を判断することもあるが、これは事前の世論調査や投票日当日の出口調査で「当確」と判断できる十分なデータを得ることができたからだ。0％とはいえ、データの蓄積があっての話である。

> 答 比率の推定を選挙に応用した

問題 82

当たりくじの数がわかっているか否かで、人の行動は変わる？

　ここに2つの壺A、Bがある。どちらかの壺から赤玉を取り出せば、賞金100万円をもらえるという。

　いま、壺Aには赤玉が20個、白玉が20個の合計40個が入っていることがわかっている。

　壺Bには赤玉と白玉を合わせて40個入っていることがわかっているが、そのうち赤玉が何個かはわからない。

　では、多くの人はどちらの壺を選択するだろう？「あなたならどちらを選択するか」ではなく、「多くの人」の行動パターンを類推してもらいたい。

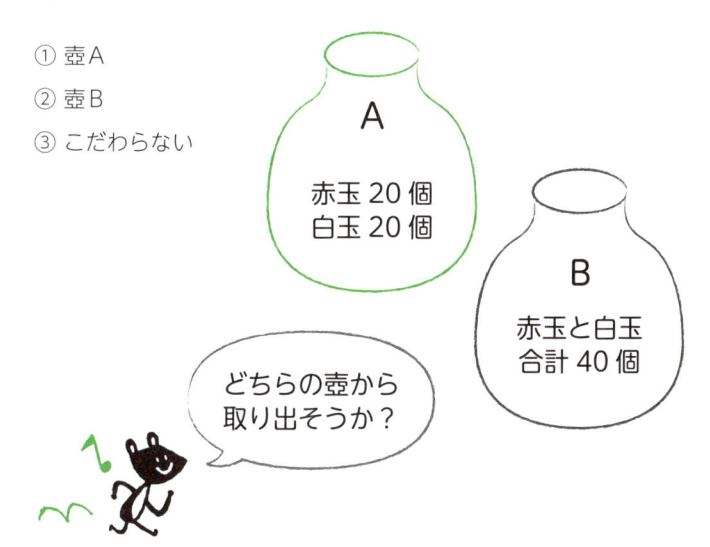

① 壺A
② 壺B
③ こだわらない

A　赤玉20個　白玉20個

B　赤玉と白玉　合計40個

どちらの壺から取り出そうか？

解説 82

まず、期待値を計算してみよう。

①壺Aの場合

$$100 \times \frac{20}{40} + 0 \times \frac{20}{40} = 50 \text{万円}$$

②壺Bの場合

赤玉の数は0個、1個、2個……39個、40個の41通りの可能性があるが、どの可能性が高いかわからない。そこで、どの可能性も同じ確率、つまり $\frac{1}{41}$ としてみると、

（壺に赤玉が0個の場合に、当たる確率）
（壺に赤玉が0個ある確率）

$$100 \times \frac{0}{40} \times \frac{1}{41} + 100 \times \frac{1}{40} \times \frac{1}{41} + 100 \times \frac{2}{40} \times \frac{1}{41} + \cdots$$

$$\cdots + 100 \times \frac{39}{40} \times \frac{1}{41} \times 100 \times \frac{40}{40} \times \frac{1}{4}$$

$$= 100 \times \frac{1}{41} \left(\frac{0 + 1 + 2 + \cdots + 39 + 40}{40} \right) = 50 \text{万円}$$

期待値は①、②のどちらも50万円だが、実際に選択してもらうと、壺Aを選ぶ人のほうが多い。これは、人間が曖昧性、不確実性を嫌うからだと言う（ダニエル・エルスバークのパラドクス）。

同じ不確実性であっても、確率がわかっている不確実性（壺A）と、確率がわかっていない不確実性（壺B）とでは、人は前者を選ぶことが多い。経済学者のフランク・ナイトは前者を「**リスク**」、後者を「**真の不確実性**」と呼んで、2つの不確実性を区別すべきだと主張した。

答 ①

問題 83

選んだ封筒には10000円、
もう片方は倍の可能性……

　ここに、賞金の入った2つの封筒がある。一方には、他方の2倍の金額が入っている。いま、1つの封筒を選択したら10000円入っていた。大金なので喜んでいたら、「いま選んだ封筒を止めて、もう一方の封筒に変えてもいい」と言われた。さて、あなたならどうする？ 理論的に考えてほしい。

① 封筒を変える
② 封筒を変えない

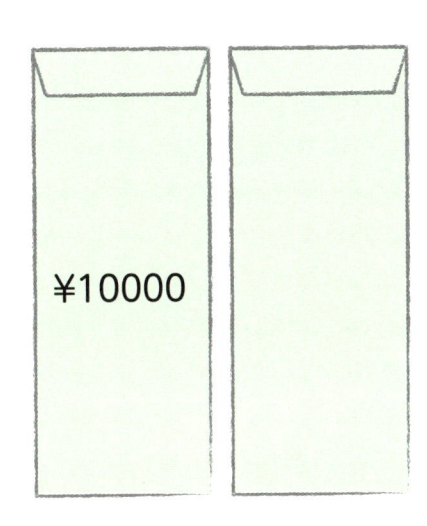

¥10000

> 一方の封筒には
> 他方の2倍の金額か。
> すると、もう片方には……

解説 83

「片方の封筒には、他方の2倍」「選択した封筒には10000円」の条件から、2つの封筒の状態は次のAとBのどちらかである。

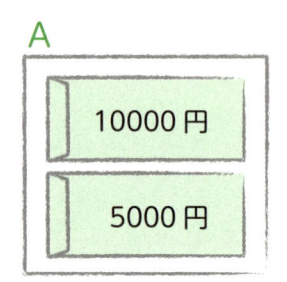

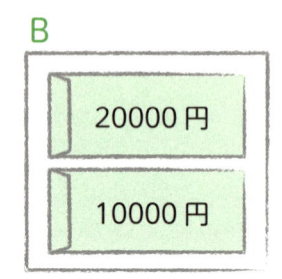

```
A
┌──────────────┐
│ ┌──────────┐ │
│ │ 10000円  │ │
│ └──────────┘ │
│ ┌──────────┐ │
│ │  5000円  │ │
│ └──────────┘ │
└──────────────┘

B
┌──────────────┐
│ ┌──────────┐ │
│ │ 20000円  │ │
│ └──────────┘ │
│ ┌──────────┐ │
│ │ 10000円  │ │
│ └──────────┘ │
└──────────────┘
```

これらA、Bの存在確率をともに1/2と考えると、封筒を変えた場合の期待金額は次のようになる。

5000 × 0.5 + 20000 × 0.5 = 12500円　…①

ここで、封筒を変えなかった場合の期待金額は、Aのとき変えない場合と、Bのとき変えない場合があるので次のようになる。

10000 × 0.5 + 10000 × 0.5 = 10000円　…②

①の値は②の値よりも大きいので、理論的には封筒を変えたほうが得をする。

なお、A、Bのどちらか一方を確率1/2で選び、その後、2つの封筒のどちらかを確率1/2で選ぶモデルを考えると、このモデルの期待金額は次のようになる。

(10000×0.5＋5000×0.5)×0.5＋(10000×0.5＋20000×0.5)×0.5＝11250円

これは、①と②の平均値と一致する。つまり、変えたほうが得、という結論になる（実際には高額になるほど変えない）。

答 ①

問題 84

20回中表が15回出たコインは正常と言えるか?

　正常なコインとは、表も裏も同じ程度に期待できるものである。すると、表の出る期待度数は20を2で割った10回となる。それなのに表が15回も出た？　期待度数よりもかなり多い。

　さて、このコインは正常なコインと考えていいだろうか？

① 正常である
② 正常ではない

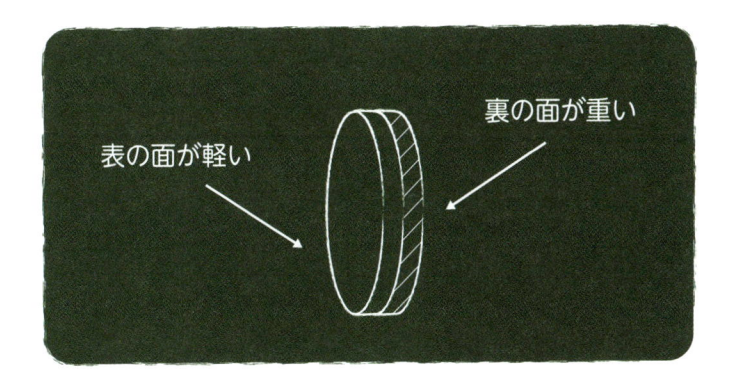

表の面が軽い　　裏の面が重い

こういうコインは
表が出やすいので、
正常なコインとは言えないね。

解説 84

　表と裏が同程度に出るコインの場合、20回投げると表と裏はそれぞれ、ほぼ10回ずつ出ることが期待される（期待度数）。しかし、確率現象には「揺らぎ」があるので、20回中表がピッタリ10回とはならない。そのため、表が15回出たからといって、絶対に変なコインだと疑うのは危険だ。

　そこで、統計学を使って判定してみることにする。実際にコインを20回投げたときの表の目が m 回、裏が n 回（観測度数）として、次の量 y に着目する。

$$y = \frac{(観測度数-期待度数)^2}{期待度数} \text{の和} = \frac{(m-10)^2}{10} + \frac{(n-10)^2}{10} \quad \cdots ①$$

　この y は、コインを20回投げるたびに色々な値をとるが、自由度1の χ^2 分布に従うことが知られている。y は m、n の値が10から離れるほど大きくなるが、その確率は小さくなる。実際、$m = 15$、$n = 5$ として x を計算すると、

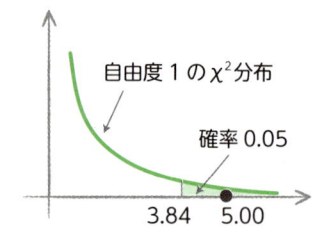

$$y = \frac{(15-10)^2}{10} + \frac{(5-10)^2}{10} = 5 \quad \cdots ②$$

　自由度1の χ^2 分布では、①の値が3.84より大きくなる確率は0.05と小さい。②の5は3.84より大きいので、20回中表が15回出るということは、「表と裏が同程度」という前提のもとでは、起こりにくいと考えられる。よって、統計学ではこの前提を棄てることになる。

答 ②

付 録

付録 1 簡易生命表（厚生労働省のHPをもとに作成）

平 成 25 年

年齢	死亡率	生存数	死亡数	定常人口		平均余命
x	$_nq_x$	l_x	$_nd_x$	$_nL_x$	T_x	$\overset{\circ}{e}_x$
0 (週)	0.00079	100 000	79	1 917	8 020 754	80.21
1	0.00011	99 921	11	1 916	8 018 837	80.25
2	0.00009	99 910	9	1 916	8 016 921	80.24
3	0.00008	99 901	8	1 916	8 015 005	80.23
4	0.00027	99 893	27	8 984	8 013 089	80.22
2 (月)	0.00016	99 865	16	8 321	8 004 105	80.15
3	0.00038	99 850	38	24 958	7 995 783	80.08
6	0.00038	99 812	38	49 895	7 970 825	79.86
0 (年)	0.00226	100 000	226	99 823	8 020 754	80.21
1	0.00031	99 774	31	99 758	7 920 931	79.39
2	0.00022	99 743	22	99 733	7 821 173	78.41
3	0.00016	99 721	16	99 713	7 721 440	77.43
4	0.00012	99 706	12	99 699	7 621 727	76.44
5	0.00011	99 694	10	99 688	7 522 028	75.45
6	0.00010	99 683	10	99 678	7 422 339	74.46
7	0.00010	99 673	10	99 668	7 322 661	73.47
8	0.00009	99 664	9	99 659	7 222 993	72.47
9	0.00008	99 655	8	99 650	7 123 334	71.48
10	0.00007	99 647	7	99 643	7 023 683	70.49
11	0.00008	99 639	8	99 635	6 924 041	69.49
12	0.00009	99 632	9	99 627	6 824 405	68.50
13	0.00011	99 623	11	99 618	6 724 778	67.50
14	0.00013	99 612	13	99 606	6 625 160	66.51
15	0.00017	99 599	17	99 591	6 525 555	65.52
16	0.00022	99 582	22	99 572	6 425 964	64.53
17	0.00028	99 560	28	99 547	6 326 392	63.54
18	0.00035	99 532	35	99 515	6 226 845	62.56
19	0.00042	99 497	42	99 477	6 127 329	61.58
20	0.00048	99 455	48	99 431	6 027 853	60.61
21	0.00053	99 407	53	99 381	5 928 422	59.64
22	0.00057	99 354	56	99 326	5 829 041	58.67
23	0.00059	99 298	59	99 268	5 729 715	57.70
24	0.00060	99 239	59	99 209	5 630 446	56.74
25	0.00059	99 180	59	99 150	5 531 237	55.77
26	0.00058	99 121	58	99 092	5 432 087	54.80
27	0.00058	99 063	57	99 035	5 332 995	53.83
28	0.00059	99 006	58	98 977	5 233 960	52.86
29	0.00061	98 948	61	98 918	5 134 983	51.90
30	0.00064	98 887	63	98 856	5 036 065	50.93
31	0.00065	98 824	65	98 792	4 937 209	49.96
32	0.00066	98 760	65	98 727	4 838 417	48.99
33	0.00068	98 694	67	98 661	4 739 690	48.02
34	0.00072	98 627	71	98 592	4 641 028	47.06
35	0.00077	98 557	76	98 519	4 542 436	46.09
36	0.00083	98 481	82	98 440	4 443 917	45.12
37	0.00089	98 399	88	98 356	4 345 476	44.16
38	0.00096	98 311	95	98 265	4 247 121	43.20
39	0.00104	98 217	102	98 167	4 148 856	42.24
40	0.00112	98 115	110	98 061	4 050 690	41.29
41	0.00122	98 005	120	97 946	3 952 629	40.33
42	0.00135	97 885	132	97 820	3 854 683	39.38
43	0.00148	97 753	144	97 682	3 756 863	38.43
44	0.00163	97 609	159	97 531	3 659 181	37.49
45	0.00180	97 450	176	97 363	3 561 651	36.55
46	0.00199	97 274	193	97 179	3 464 287	35.61
47	0.00218	97 081	212	96 976	3 367 108	34.68
48	0.00239	96 869	231	96 755	3 270 132	33.76
49	0.00261	96 638	253	96 513	3 173 377	32.84

簡 易 生 命 表 （ 男 ）

年齢	死亡率	生存数	死亡数	定常人口		平均余命
x	nq_x	l_x	nd_x	nL_x	T_x	e_x
50	0.00286	96 385	276	96 249	3 076 864	31.92
51	0.00315	96 109	303	95 960	2 980 615	31.01
52	0.00350	95 806	335	95 641	2 884 654	30.11
53	0.00386	95 471	369	95 290	2 789 013	29.21
54	0.00423	95 102	402	94 904	2 693 723	28.32
55	0.00460	94 700	436	94 485	2 598 819	27.44
56	0.00499	94 264	470	94 032	2 504 334	26.57
57	0.00543	93 794	509	93 543	2 410 302	25.70
58	0.00597	93 285	557	93 011	2 316 759	24.84
59	0.00661	92 729	613	92 427	2 223 747	23.98
60	0.00734	92 115	677	91 783	2 131 320	23.14
61	0.00812	91 439	742	91 073	2 039 538	22.30
62	0.00895	90 696	812	90 296	1 948 464	21.48
63	0.00985	89 884	886	89 448	1 858 168	20.67
64	0.01077	88 999	958	88 526	1 768 720	19.87
65	0.01170	88 041	1 030	87 532	1 680 195	19.08
66	0.01271	87 010	1 106	86 464	1 592 663	18.30
67	0.01384	85 904	1 189	85 317	1 506 199	17.53
68	0.01509	84 715	1 278	84 084	1 420 882	16.77
69	0.01645	83 437	1 373	82 759	1 336 799	16.02
70	0.01794	82 064	1 472	81 336	1 254 040	15.28
71	0.01946	80 592	1 568	79 817	1 172 704	14.55
72	0.02123	79 024	1 678	78 195	1 092 887	13.83
73	0.02334	77 347	1 805	76 456	1 014 692	13.12
74	0.02582	75 542	1 951	74 579	938 236	12.42
75	0.02874	73 591	2 115	72 548	863 657	11.74
76	0.03214	71 476	2 297	70 343	791 109	11.07
77	0.03612	69 178	2 498	67 947	720 766	10.42
78	0.04075	66 680	2 717	65 340	652 820	9.79
79	0.04626	63 963	2 959	62 504	587 479	9.18
80	0.05251	61 004	3 204	59 422	524 975	8.61
81	0.05942	57 800	3 435	56 101	465 553	8.05
82	0.06694	54 366	3 639	52 562	409 452	7.53
83	0.07495	50 726	3 802	48 837	356 890	7.04
84	0.08352	46 924	3 919	44 973	308 053	6.56
85	0.09299	43 005	3 999	41 011	263 080	6.12
86	0.10373	39 006	4 046	36 986	222 069	5.69
87	0.11600	34 960	4 055	32 931	185 084	5.29
88	0.12904	30 905	3 988	28 902	152 153	4.92
89	0.14219	26 917	3 827	24 987	123 251	4.58
90	0.15663	23 089	3 616	21 261	98 264	4.26
91	0.17198	19 473	3 349	17 774	77 003	3.95
92	0.18826	16 124	3 036	14 579	59 229	3.67
93	0.20552	13 089	2 690	11 714	44 650	3.41
94	0.22377	10 399	2 327	9 205	32 936	3.17
95	0.24305	8 072	1 962	7 061	23 732	2.94
96	0.26337	6 110	1 609	5 277	16 671	2.73
97	0.28473	4 501	1 281	3 834	11 395	2.53
98	0.30714	3 219	989	2 702	7 561	2.35
99	0.33060	2 230	737	1 843	4 858	2.18
100	0.35508	1 493	530	1 213	3 016	2.02
101	0.38055	963	366	768	1 803	1.87
102	0.40698	596	243	466	1 035	1.74
103	0.43430	354	154	271	569	1.61
104	0.46243	200	93	150	298	1.49
105 ～	1.00000	108	108	149	149	1.38

付録

203

付録 2　平均値（期待値）と分散、標準偏差

統計学では色々な数値が出てくるが、基本となるのは**平均値**（期待値）と**分散**である。参考までに、これらの定義を紹介しておこう。なお、標準偏差は分散の正の平方根である。

(ア) 個々のデータから算出する場合

n 個のデータ $\{x_1, x_2, x_3, \cdots, x_n\}$ に対してこの平均値 $\overline{X}$、分散 σ^2、標準偏差 σ は、次のようになる。

個体名	変量 x
1	x_1
2	x_2
3	x_3
…	…
n	x_n
総度数	n

$$\bar{x} = \frac{総和}{総度数} = \frac{x_1 + x_2 + x_3 + \cdots + x_n}{n}$$

$$分散\ \sigma^2 = \frac{変動}{データ数}$$
$$= \frac{(x_1 - \bar{x})^2 + (x_2 - \bar{x})^2 + (x_3 - \bar{x})^2 + \cdots + (x_n - \bar{x})^2}{n}$$

標準偏差 $\sigma = \sqrt{分散}$

(注1) データから平均値を引いたものを偏差と言い、各データの偏差の2乗の総和を変動と言う。

(イ) 度数分布表から算出する場合

変量 x についての度数分布表が右のように与えられているとき、この平均値、分散 σ^2、標準偏差 σ は次のようになる。

変量 x	度数
x_1	f_1
x_2	f_2
x_3	f_3
…	…
x_N	f_N
総度数	n

$$\bar{x} = \frac{総和}{データ数} = \frac{x_1 f_1 + x_2 f_2 + x_3 f_3 + \cdots + x_N f_N}{n}$$

$$分散\ \sigma^2 = \frac{変動}{データ数} = \frac{(x_1 - \bar{x})^2 f_1 + (x_2 - \bar{x})^2 f_2 + \cdots + (x_N + \bar{x})^2 f_N}{n}$$

標準偏差 $\sigma = \sqrt{分散}$

(ウ) 確率分布表から算出する場合

変量 X についての確率分布表が右のように与えられているとき、この平均値 $\overline{X}$、分散 σ^2、標準偏差 σ は次のようになる。

変量 X	確率
X_1	p_1
X_2	p_2
X_3	p_3
…	…
X_N	p_N
総和	1

平均値 $= \overline{X} = X_1 p_1 + X_2 p_2 + X_3 p_3 + \cdots + X_N p_N$

分散 $\sigma^2 = (X_1 - \overline{X})^2 p_1 + (X_2 - \overline{X})^2 p_2 + (X_3 - \overline{X})^2 p_3 + \cdots + (X_N - \overline{X})^2 p_N$

標準偏差 $\sigma = \sqrt{分散}$

(注2) 上記のように確率が付与された変量 X は確率変数と呼ばれている。
(注3) 確率論から得られる平均値は資料から得られるものと区別して期待値 (Expectation value) と呼ばれることがある。このとき、確率変数 X の平均値は E(X) という記号で表現される。なお、期待値が金額であるときは期待金額と言うこともある。

[ウの例]

1個のサイコロを投げて出た目の数を X とすると、変量 X の平均値 $\overline{X}$、分散 σ^2、標準偏差 σ は次のようになる

変量 X	確率
1	1/6
2	1/6
3	1/6
4	1/6
5	1/6
6	1/6
総和	1

$\overline{X} = 1 \times \dfrac{1}{6} + 2 \times \dfrac{1}{6} + 3 \times \dfrac{1}{6} + 4 \times \dfrac{1}{6} + 5 \times \dfrac{1}{6} + 6 \times \dfrac{1}{6} = 3.5$

$\sigma^2 = (1 - 3.5)^2 \times \dfrac{1}{6} + (2 - 3.5)^2 \times \dfrac{1}{6} + (3 - 3.5)^2 \times \dfrac{1}{6}$
$+ (4 - 3.5)^2 \times \dfrac{1}{6} + (5 - 3.5)^2 \times \dfrac{1}{6} + (6 - 3.5)^2 \times \dfrac{1}{6} = 2.92$

標準偏差 $\sigma = \sqrt{2.92} = 1.71$

付録 3 相関係数

右表のような2つの変量 x、y があるとき、一方の x と他方の y との直線的な関係の強さを数値化したものに **相関係数 r_{xy}** がある。これは、次の式で定義されている。

個体番号	変量 x	変量 y
1	x_1	y_1
2	x_2	y_2
3	x_3	y_3
…	…	…
n	x_n	y_n
平均値	$\overline{x}$	$\overline{y}$

相関係数 $\quad r_{xy} = \dfrac{S_{xy}}{S_x S_y}$

ただし、S_{xy} は2つの変量 x、y の共分散、S_x、S_y はそれぞれ変量 x、y の標準偏差である。つまり、

$$S_{xy} = \frac{(x_1 - \overline{x})(y_1 - \overline{y}) + (x_2 - \overline{x})(y_2 - \overline{y}) + \cdots + (x_n - \overline{x})(y_n - \overline{y})}{n}$$

$$S_x = \sqrt{\frac{(x_1 - \overline{x})^2 + (x_2 - \overline{x})^2 + \cdots + (x_n - \overline{x})^2}{n}}$$

$$S_y = \sqrt{\frac{(y_1 - \overline{y})^2 + (y_2 - \overline{y})^2 + \cdots + (y_n - \overline{y})^2}{n}}$$

相関係数 r_{xy} は $-1 \leq r_{xy} \leq 1$ を満たし、r_{xy} は1に近いほど「正の相関」が強く、-1 に近いほど「負の相関」が強い。また、0に近いほど相関がないことを表している。なお、相関係数と散布図の関係は次のようになる。

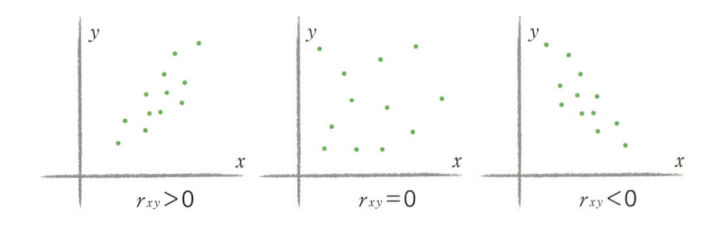

付録 4 色々な確率分布

　ここでは、統計学でよく出てくる基本的な分布を紹介しよう。なお、分布を表す式は難しいものが目立つが、統計学を知る上で式そのものを使うことはないから安心してほしい。なお、分布関数を表す式において、e は**ネイピア数**（= 2.71828…）。π は円周率（= 3.14159…）を表している。

（1）一様分布

　確率分布が次の式で与えられるとき、その分布を**一様分布**と言う。

$$f(x) = k（一定） \quad (a \leq x \leq b)$$

　どの状態が起こることもすべて同等であるような確率分布であり、公平性が求められる世界ではこの分布が使われる。

$k = \dfrac{1}{b-a}$

平均値 $= \dfrac{a+b}{2}$

分散 $= \dfrac{(b-a)^2}{12}$

（2）2項分布

　確率分布が次の式で与えられるとき、その分布を **2項分布**と言う。

$$f(x) = {}_nC_x p^x (1-p)^{n-x} \quad (x = 1、2、3、\cdots、n)$$

　この分布は、確率 p で起こる事柄を何回も繰り返したとき、その事柄が n 回中、何回起こるかの確率分布である。日常生活でよく見かける分布である。2項分布は n と p だけで分布が決まるため binomial distribution の頭文字をとって B(n, p) と表現される。

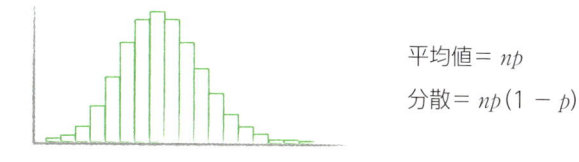

平均値 $= np$

分散 $= np(1-p)$

(3) 正規分布

確率分布が次の式で与えられるとき、その分布を**正規分布**と言う。

$$f(x) = \frac{1}{\sqrt{2\pi}\,\sigma} e^{-\frac{(x-\mu)^2}{2\sigma^2}}$$

グラフの形は、下図のような平均値 μ を中心とした左右対称な釣鐘型になり、その形は分散 σ^2 の値だけで決まる。そのため、正規分布は normal distribution の頭文字を用いて $N(\mu, \sigma^2)$ と書くことがある。この分布はガウスが誤差の研究の際に発見した分布であり、自然現象や社会現象の多くの確率現象を説明するのに役立つ。

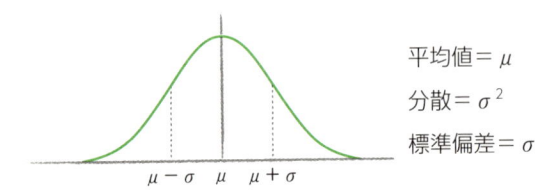

平均値 $= \mu$
分散 $= \sigma^2$
標準偏差 $= \sigma$

(4) t 分布

確率分布が次の式で与えられるとき、その分布を自由度 f の **t 分布**（または、ステューデント分布）と言う。

$$g_f(x) = k\left(1 + \frac{x^2}{f}\right)^{-\frac{f+1}{2}}$$

小さな標本をもとに母分散がわかっていない母集団の平均値を推定するときに使われる。t 分布の形は自由度 f の値だけで決まり、グラフは正規分布に似た釣鐘型になる。自由度 f の値を大きくすると、t 分布は標準正規分布 $N(0, 1^2)$ に近づく。

自由度 f の t 分布

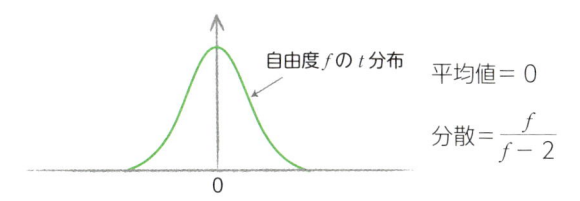

平均値 $= 0$

分散 $= \dfrac{f}{f-2}$

(5) F 分布

確率分布が次の式で与えられるとき、その分布を自由度 f_1、f_2 の F 分布と言う。

$$\begin{cases} f(x) = \dfrac{kx^{\frac{f_1}{2}-1}}{\left\{1 + \left(\dfrac{f_1}{f_2}\right)x\right\}^{\frac{f_1+f_2}{2}}} & (0 < x) \\ f(x) = 0 & (x \leq 0) \end{cases}$$

(注) k は定数

標本分散そのものの分布は x^2 分布だが、標本分散の比に関する分布は F 分布と呼ばれる分布に従う。

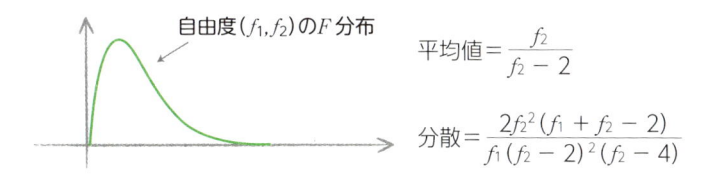

自由度 (f_1, f_2) の F 分布

平均値 $= \dfrac{f_2}{f_2 - 2}$

分散 $= \dfrac{2f_2^2(f_1 + f_2 - 2)}{f_1(f_2 - 2)^2(f_2 - 4)}$

（6）χ^2分布

確率分布が次の式で与えられるとき、その分布を自由度 f の χ^2 分布と言う。

$$g_f(x) = kx^{\frac{f}{2}-1} e^{-\frac{x}{2}} \quad (0 \leq x) \quad k\text{は定数}$$

標本から求めた分散、つまり、標本分散に関する分布が χ^2 分布である。

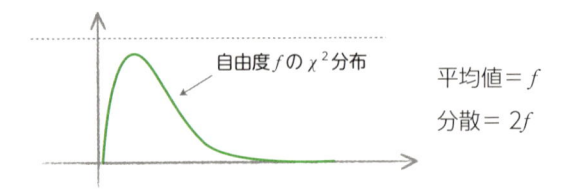

自由度 f の χ^2 分布

平均値 $= f$
分散 $= 2f$

（7）ポアソン分布

確率分布が次の式で与えられるとき、その分布を**ポアソン分布**と言う。

$$f(x) = \frac{\lambda^x}{x!} e^{-\lambda} \quad (x = 0,1,2,3\cdots) \quad \lambda\text{は定数}$$

交通事故の発生件数や機械の故障回数などといった、起こることが稀な現象が一定の時間内に起こる回数に着目したとき、その確率分布が**ポアソン分布**である。

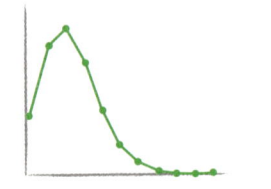

平均値 $= \lambda$
分散 $= \lambda$

付録 5 中心極限定理

平均 μ、分散 σ^2 の母集団から大きさ n の標本 $\{X_1、X_2、\cdots、X_n\}$ を抽出し、その標本平均を $\overline{X} = \dfrac{X_1 + X_2 + \cdots + X_n}{n}$ とするとき、

(1) $\overline{X}$ の平均値は μ、分散は $\dfrac{\sigma^2}{n}$、標準偏差は $\dfrac{\sigma}{\sqrt{n}}$

(2) n の値が大きければ、母集団分布が何であっても $\overline{X}$ の分布は正規分布で近似できる。

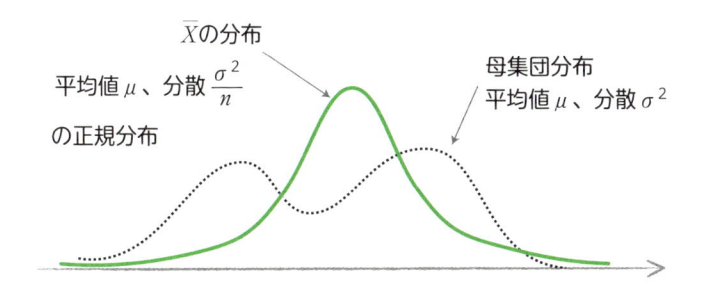

$\overline{X}$ の分布

平均値 μ、分散 $\dfrac{\sigma^2}{n}$ の正規分布

母集団分布 平均値 μ、分散 σ^2

おわりに

　統計クイズ84問、いかがだったでしょうか。

　難しかった？　簡単だった？　おもしろかった？

　いずれの問題も、日常生活、あるいは仕事で経験する統計的な事柄をクイズ形式にアレンジしたものです。

　「難しかった」と感じた人は、ぜひこの機会に統計学の世界に少しでも足を踏み出してください。好むと好まざるにかかわらず、現代に生きる我々は周囲を統計に囲まれて生活しています。たくさんの統計的な判断を繰り返しながら日々生活しているのです。間違った判断は避けねばなりません。

　一度と言わず、二度三度、本書のクイズに繰り返し挑戦し、解説を何度も読んで自分のものにしてください。統計センスがアップし、以前にも増して正しい統計判断ができるようになります。

　逆に、「意外に簡単だったな」と感じたなら、あなたの統計センスはかなりのレベルです。これを機に、統計学の世界にさらに深入りしてください。統計学には素晴らしい本がたくさん用意されています。必ずしも専門書を選ぶ必要はありません。入門書で十分です。本書を読んだ後なら、統計学への理解をこれまで以上に深めることができ、世の中を見る目も変わってくるでしょう。

　統計学を知り始めると、新聞や雑誌、テレビなどのマスメディアで報道される情報にすごく敏感になります。そのとき、「えっ、何だこの統計は？」と疑問を持つようになれば、もう統計の素人ではありません。

　統計学はその有用性ゆえに、逆に統計学が誤用、あるいは悪用されることは珍しくありません。諸刃の剣なのです。以下に、困った

使われ方の例を2つばかり挙げて最後の統計クイズとしましょう。

＊卒業クイズ①＊
　X予備校の「塾生の80％が成績アップ！」という広告が目に止まったあなた。この広告を見て、どう思いますか？

　一見、「誰でもX予備校に入塾すれば成績がグンとよくなる」ように読み取れます。しかし、調査対象は誰なのか、母集団なのか標本なのか、標本ならその大きさは、またアップの基準は何か……。肝心なことは何も記載されていません。「真面目にコツコツと努力した特定の塾生を5人（だけ）を調べたら、そのうち4人の成績が少し上がった」ということであれば、これは統計を装った騙しです。困ったことに、この種の広告はいたるところで見受けられます。CMなどの統計やデータを見たら、「その根拠は？」という疑いの精神を決して忘れてはいけないのです。

＊卒業クイズ②＊
　P新聞の世論調査を見ると、「高齢化が進み、財政状態が逼迫するなか、今回、消費税が引き上げられました。もし、いま消費税を引き上げなければ、次世代の負担が重くなり、福祉財源も枯渇するかもしれません。さて、今回の消費税の引き上げについて、あなたは妥当だと思いますか、それとも妥当ではないと考えますか？」とありました。あなたはこれを見てどう感じますか？

　「解説も行き届き親切な内容だ。これだけの情報があるとアンケートにも回答しやすい」と考えたでしょうか。それとも……。
　そうです、これは誘導型の調査法であり、客観性、公平性を大事

にする「世論調査」とは言えないのです。なぜなら、質問の前文で「消費税の引き上げやむなし」と切々と訴えているからです。本来なら、前置きなしで「あなたは、今回の消費税の引き上げを妥当だと思いますか、納得できないと思いますか」と聞くべきです。

　このような世論調査、それに基づくデータの公表は多いので、「統計を見たら、まず疑う」という必要があります。

　イギリスの元首相ディズレーリの有名な言葉に、**『世の中には3種類の嘘がある：嘘、大嘘、そして統計だ』**があります。これは、「あまり根拠のないことを補強するために統計が使われ、人々は統計に騙されやすい」ことを意味しています。見方を変えれば、それほど、統計は説得力が高いものなのです。

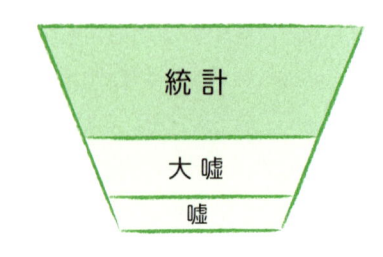

　統計は強力な武器です。それだけに統計に騙されず、統計を有意義に使えるように役立てたいものです。

2015年5月8日

涌井良幸

涌井良幸（わくい・よしゆき）

1950年、東京生まれ。東京教育大学（現・筑波大学）理学部数学科を卒業後、教職に就く。現在、高校の数学教師を務めるかたわら、コンピュータを活用した教育法や統計学の研究を行っている。おもな著書（共著）に『道具としてのフーリエ解析』『道具としてのベイズ統計』（日本実業出版社）、『数的センスを磨く超速算術』（実務教育出版）、『身のまわりのモノの技術』（中経出版）などがある。

統計力クイズ

2015年 6月15日 初版第1刷発行
2019年 2月15日 初版第3刷発行

著　者　涌井良幸
発行者　小山隆之
発行所　株式会社 実務教育出版
　　　　〒163-8671　東京都新宿区新宿1-1-12
　　　　電話　03-3355-1812（編集）　03-3355-1951（販売）
　　　　振替　00160-0-78270

印刷／文化カラー印刷　　製本／東京美術紙工

©Yoshiyuki Wakui 2015　　Printed in Japan
ISBN978-4-7889-1150-5　C0033
本書の無断転載・無断複製（コピー）を禁じます。
乱丁・落丁本は本社にておとりかえいたします。

実務教育出版の数学本
好評既刊！

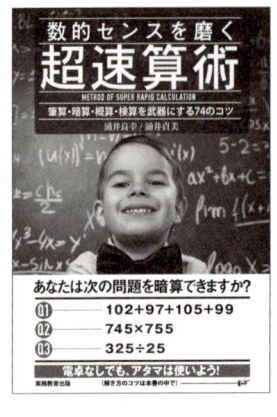

数的センスを磨く
超速算術
筆算・暗算・概算・検算を武器にする74のコツ

涌井良幸・涌井貞美 著

問題に適した解き方を瞬時に見抜く力、"数的センス"を鍛えることで、仕事もプライベートも一変する。さあ、「超速算術」をあなたの武器にしよう！

定価 1400円（税別）
ISBN978-4-7889-1072-0

なぜか惹かれる
ふしぎな数学

蟹江幸博 著

「1000円がどこかに消えたとしか思えない話」「ピラミッドの高さを計算する」など、入門レベルからやや高度なものまで、知的好奇心を満たす数学エピソード！

定価 1400円（税別）
ISBN978-4-7889-1073-7